▲近江神宮に春を告げるエドヒガン

近江神宮の自然

▲羽化直後のヒグラシ

▶オオセミタケ

▶クモタケ

近江神宮の年中行事

▲漏刻祭（舞楽の奉納）

▶餐宴祭（鉢ものムラサキや籠の鶏、神饌などを献上する）

◀餐宴祭の神饌（古代食）

◀献花祭とムベの献上

▲新緑の還来神社

▲里桜満開の頃の油日神社

▲多賀大社の御神木・イモロギ（ケヤキ）の新緑

各地の神社を彩る樹と花

▶長浜八幡宮の境内に咲きそろう紫陽花の花々

各地の神社の祭礼

▶日牟禮八幡宮・春の例祭（八幡祭）

◀阿自岐神社・春の例祭

▲杉之木神社・春の例祭（ケンケト祭）

◀御上神社・秋の例祭（ずいき祭）

淡海文庫 17

近江の鎮守の森

——歴史と自然——

滋賀植物同好会 編

SUNRISE

はじめに

日本の自然の本来の姿は「森林」であり、西南日本の暖温帯では常緑広葉樹林（照葉樹林）が自然植生として広く分布していたと考えられている。照葉樹林の分布域をヤブツバキクラス域というが、滋賀県においては南部では標高約八〇〇メートル《メートル》、北部では標高約四〇〇メートル《メートル》以下の地域がこれに含まれる。

しかし、ヤブツバキクラス域は人間の生活域であるため、自然植生はその大部分が姿を消し、今日、その面影をかろうじてとどめているのは社寺林（特に鎮守の森）である。これらの森林はおもに信仰上の理由から、最小限の人為的影響の下で保護されてきた。

大津市の宇佐山麓にも照葉樹が鬱蒼《うっそう》と茂る鎮守の森があり、これが近江神宮の森である。アラカシ、シラカシ、シイ、クスノキ、イチイガシ、マテバシイなどの照葉樹を中心に、ムクノキ、エノキ、ケヤキ、スギ、ヒノキなどの高木が茂り、見事な林相を呈している。じつは、この近江神宮の森は昭和初期に造られた人工の森、つまりは「昭和の森（二十世紀の森）」なのである。

私たち滋賀植物同好会では、近江神宮の森が県内では稀産のセミタケやクモタケ、オサムシタケなどの冬虫夏草を多く産することに注目し、一九八七年からキノコを中心とした調査を続けてきた。一九九五年からは近江神宮の森林生態系の現状についてより詳しく把握するため、「近江神宮の森自然調査グループ」を組織し、森林植生と樹木の現況を中心に菌類、コケ植物、シダ植物、種子植物、陸貝類、昆虫類、鳥類、ほ乳類などの生物調査を実施するとともに周辺の自然や歴史概況の把握、文献や聞き取り調査などを行ってきた。そして、その成果を『「近江神宮の森」自然調査研究報告』(一九九九)としてまとめた。

本書はこの近江神宮の森を中心に、滋賀県の鎮守の森の特徴と代表的な鎮守の森について紹介したものである。第一章、第二章はいわば報告書のダイジェスト版として、近江神宮周辺の自然や歴史概要から始まり、神宮創建の経緯と背景、林苑造営計画とそれを担った人々、樹木と森林植生の現況、注目すべきキノコや動・植物、林苑の名木・大木探検など「近江神宮の森」の姿をさまざまな視点から紹介する。さらに、第三章では滋賀県の鎮守の森の特徴や鎮守の森と人とのかかわりを具体的な事例をもとに解説するとともに、県内各地から代表的な鎮守の森を選び、その由緒や文化財、祭礼(人とのかかわり)、樹木や植生の特徴などについて紹介する。もとより県内には一本の神木から大規模な社叢林にいたるまで大小さまざまな鎮守の森があり、そのすべてを語り尽くすことはできないが、本書を通して鎮守の森を見つめ直す端緒となれば幸いである。

近江の鎮守の森　目次

第三章　滋賀の鎮守の森をたずねて

おもな鎮守の森ガイド

大津・湖西地区（十社）

湖北地区（八社）

湖東地区（十五社）

甲賀・湖南地区（十社）

第一章

造られた昭和の森

――近江神宮の森――

1. 近江神宮周辺の自然概況

(1) 近江神宮の位置と気候

近江神宮は琵琶湖の西南にあり、北緯三十五度一分、東経一三五度五十一分に位置し、滋賀県と京都府を分ける比叡山地と醍醐山地の境界部の東側に発達する山麓扇状地上にある。

社殿は基盤の斑状黒雲母花崗岩上に造営されており、神社林は柳川の扇状地堆積物分布域が利用されている。この神社域は明治期の地形図に見られるように、ほぼ柳川《やながわ》の扇央部に位置している。

近江神宮のある大津市は、県内八気候区の湖南気候区に属し、総じて気候は温和である。また、湖岸部に位置し、市街地が発達しているので気温が高く、日較差や年較差はさほど大きくはない。

(2) 背後に連なる比叡山地の地形と地質

比叡山地の主要部は最高峰の大比叡（標高八四三メートル）、四明岳と如意ケ岳を南北に結ぶ稜線で、その東側に壺笠山、宇佐山、長等山を結ぶ低い稜線が南北に延びている。高い稜線のスカイラインを構成している南北断面は、四明岳と如意ケ岳の間の低くなった部分には主に比叡花崗岩（粗粒黒雲母花崗岩）が分布し、その南北の高い部分は砂岩、頁岩からなり、全体に接触熱変成作用を受けて硬くなった結果、高地として残ったのが四明岳や如意ケ岳である。この花崗岩および砂岩・頁岩を貫いて、壺笠山、宇佐山、長等山を結ぶ低い稜線を形成するように貫入しているのが花崗斑岩である。この岩石は花崗岩に比べて風化浸食に対する抵抗力が強いので浸食から取り残されて稜線を形成している。

比叡山地の山麓には、活断層である比叡断層が南北に延びているが、山麓扇状地が発達しているため、新規の活動を示す変位地形は明瞭でない。しかし、大津市滋賀里において実施された浅層反射法

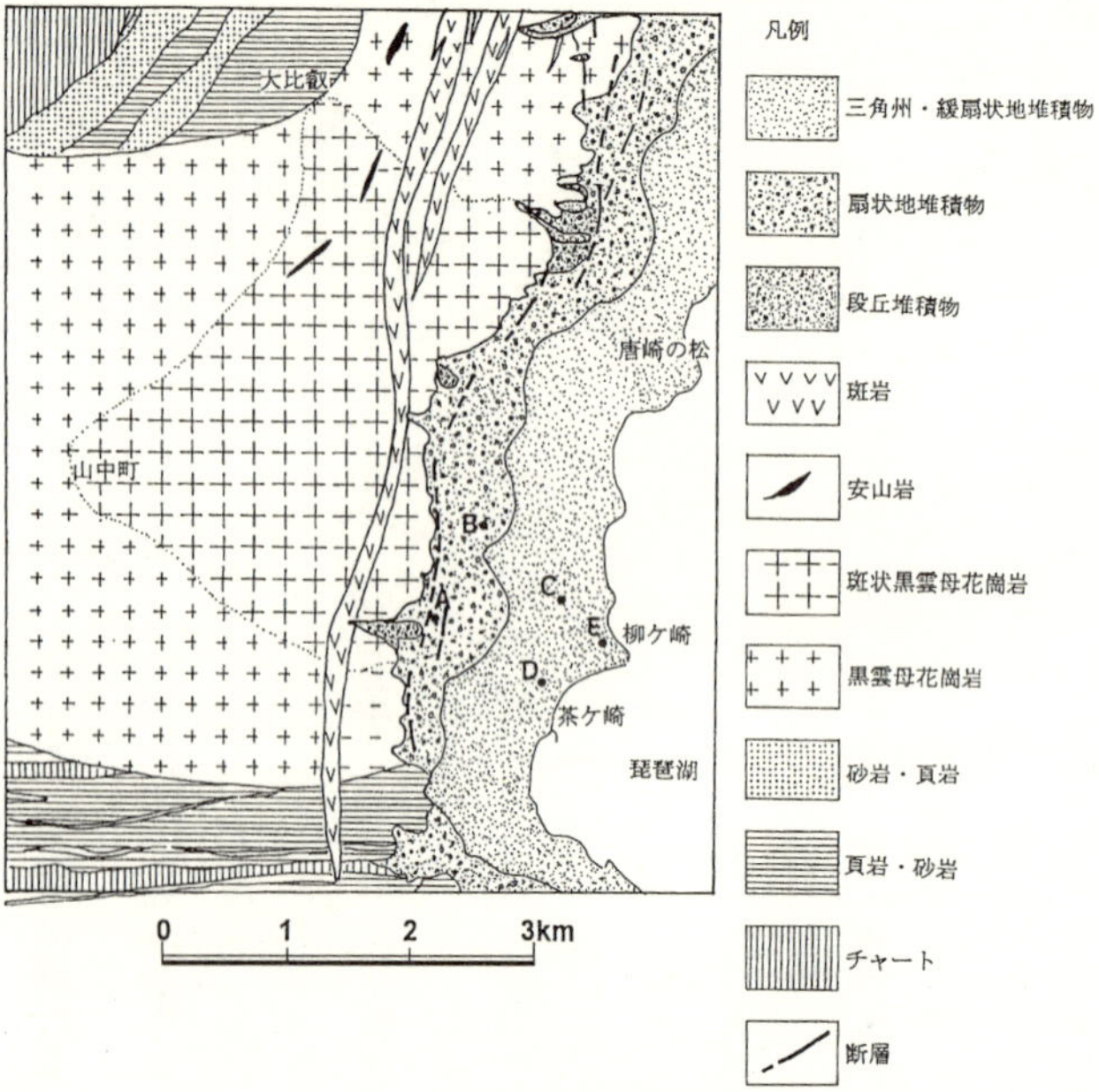

図 1-1. 近江神宮周辺の地質図

弾性波探査では、西に傾斜する逆断層状の反射面が認められている（水野ほか一九九七）。このことから比叡断層は琵琶湖側にのしあがる構造になっていると考えられる（図1―1）。この比叡断層は、近江神宮の社殿と鳥居を含む林地の境界線を通過している。

(3) 近江神宮を流れる柳川の流路と三角州の形成

主稜線から琵琶湖に注ぐ当地域の河川としては、柳川、際川、四谷川、大宮川などがある。このうち琵琶湖に最も張り出した三角州を形成しているのが柳川である。図1―2は、一八九三年（明治二十六）の当地域の二万分の一地形図である。柳川は上流部の風化の進んだ比叡花崗岩山地を削り、宇佐山の南で硬い脈岩（花崗斑岩）を切って流路を少し北に曲げ、現在の近江神宮のあたりでさらに流路を南東に曲げて一直線に琵琶湖へ注ぎ、三角州を発達させている。柳川がこの地域では最も広い三角州を形成するのは、上流の地質が風化しやすい花崗岩であることと、流域面積が他の河川より広いことが要因としてあげられる。

近江神宮の造営に伴って、柳川の流路が現流路に付け替えられたのは一九四一年（昭和十六）で、柳ケ崎の北方で琵琶湖に注いでいるが、付け替え以降に発達した三角州が、その生成スピードがいかに速いかを示唆している。図1―3は現在の地形図（二万五千分の一）である。

柳川が山地から谷口付近で流路を北東方向へ曲げているのは、谷口の小丘（段丘堆積物）が影響しているものと考えられる。この段丘堆積物と同時期の堆積物がこの地点の北側の南滋賀付近にも認められるが、そこでは段丘堆積物中に姶良《あいら》火山灰層が認められ、段丘の形成が最終氷期であることを物語っている。さらに明治期の地形

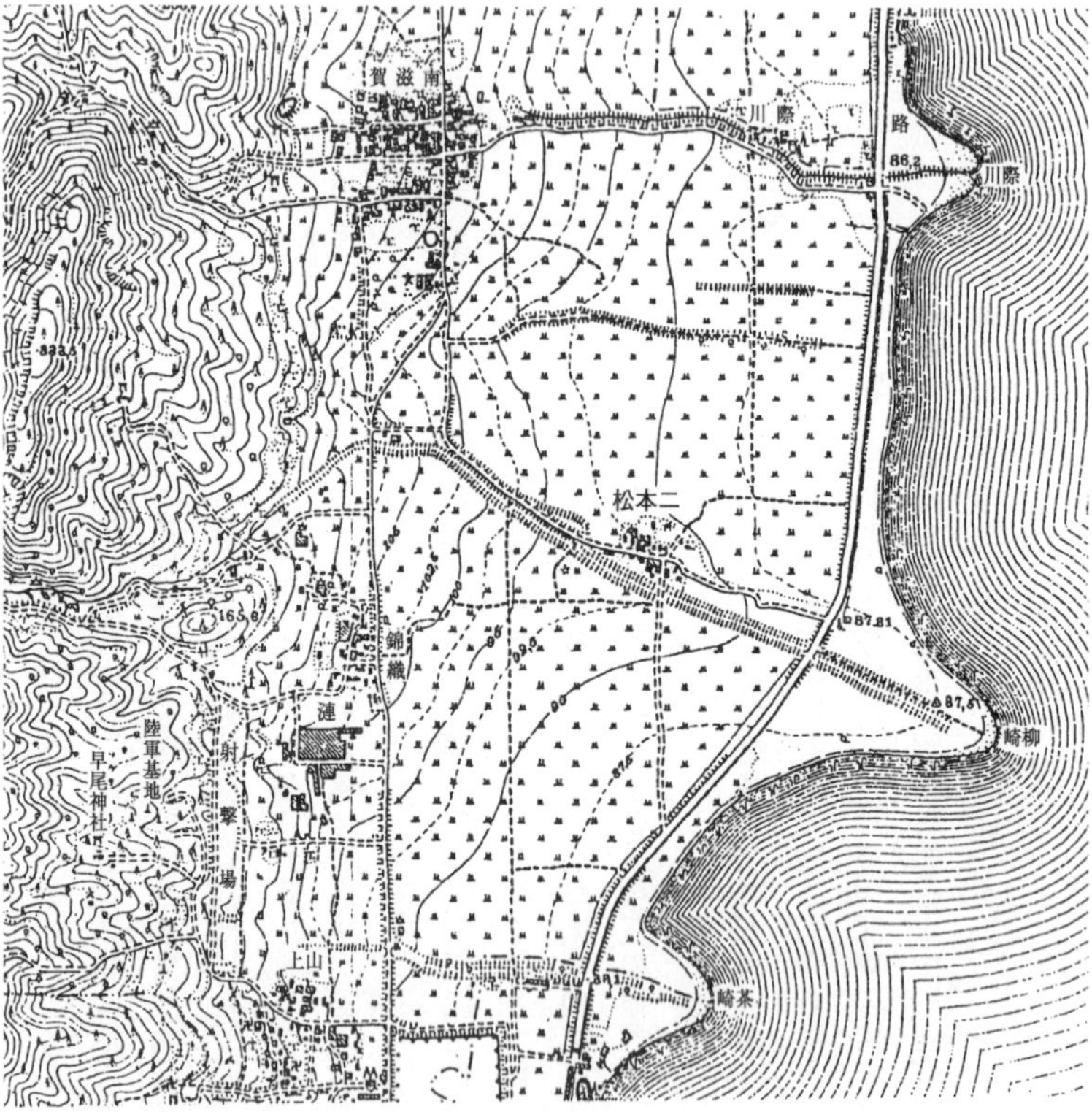

図 1-2．明治26年の地形図（国土地理院）

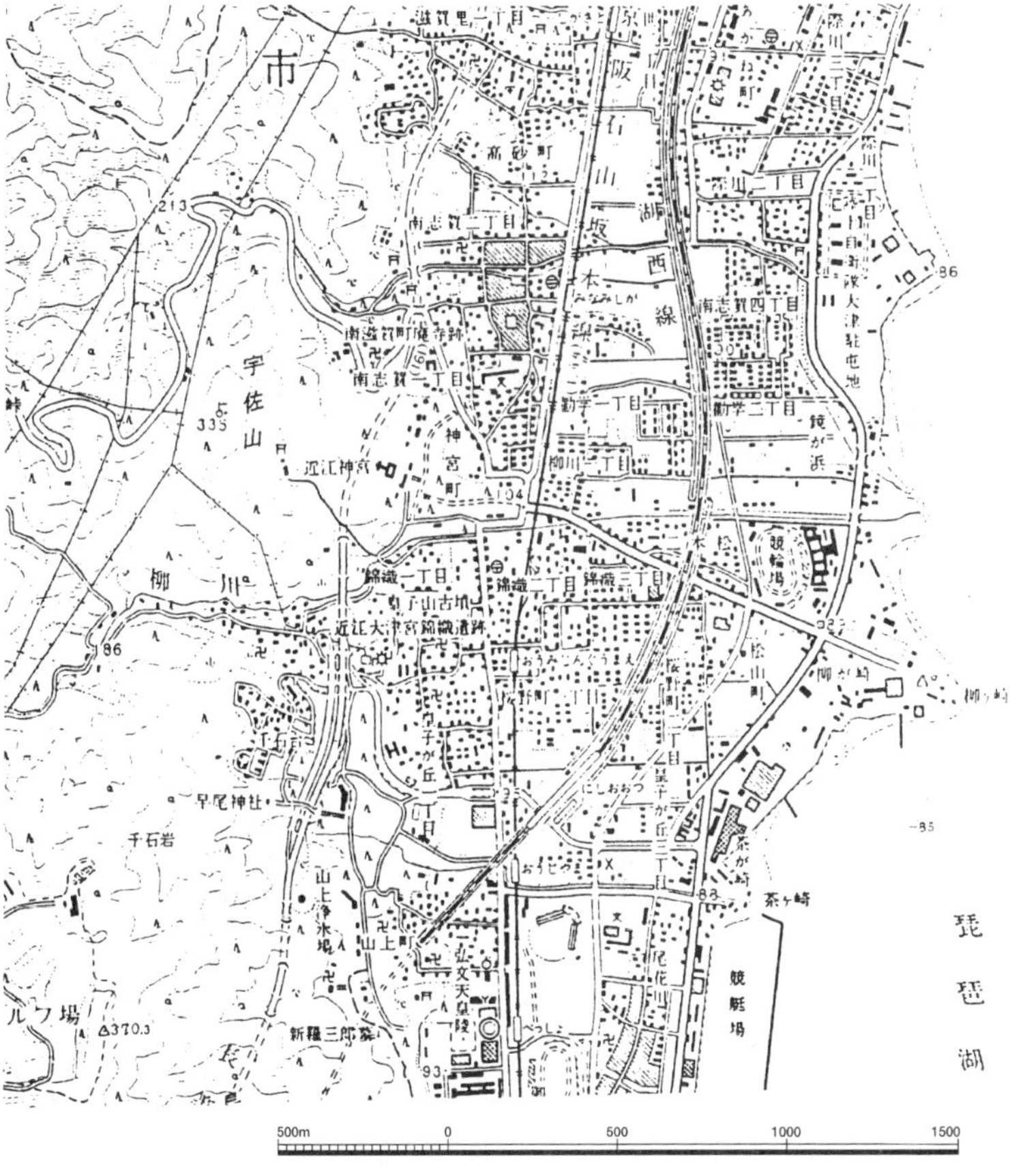

図 1-3．現在の地形図（国土地理院）

図作成以前には、柳川の流路が錦織集落の北あたりにあったのではないかと考えられる等高線の琵琶湖側への曲がりが読みとれる。明治の地形図でも柳川が山地から平地に出た地点を中心に、いわゆる同心円状の等高線を描く典型的な扇状地となっていない。これは、河口部に小さな花崗岩塊からなる岡が存在するためである。この岡の存在が柳川の流路を北へ曲げている。このため典型的な扇状地等高線にならなかったものと考えられる。この扇状地の扇端（琵琶湖側）には三角州が発達しているが、両者の境界は二本松あたりと考えられる。

(4) 柳川扇状地と三角州の地下の地質

図1―4は柳川沿いの柱状ボーリング図で、A・B・Cの各地点は柳川沿いの扇状地、D地点は後背湿地、E地点は三角州の末端部に位置している。この柱状図はそれぞれの地点の地下の地質の特徴をよく表している。

A地点では地下十メートル付近に大きな岩塊があり、かっての柳川の土

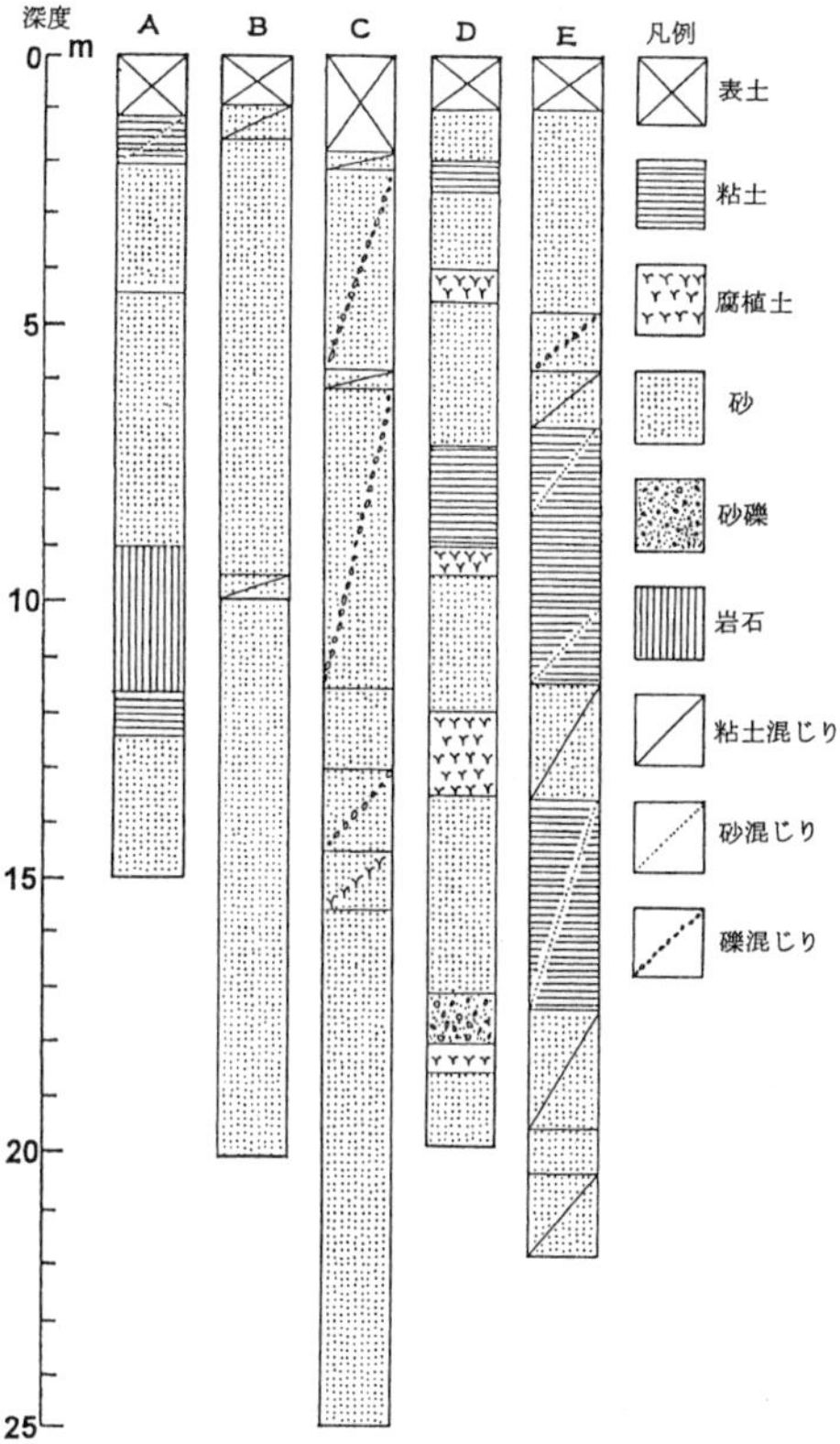

図 1-4. 柳川沿いのボーリング柱状図

石流堆積物であることが推定される。B地点には大きな河川が存在しないため、後背地の花崗岩の風化によってもたらされた砂層が厚く堆積している。C地点は柳川扇状地の延長部にあたるため、礫を含んでいる部分がある。D地点は後背湿地であったため、腐植土層と砂層および粘土層の互層となっている。一《メートル》を越える腐植土層の存在は、安定した湖岸の状態が長期間続いたことを示している。三角州の先端部に位置するE地点は砂および粘土層からなり、典型的な三角州堆積物であることを示している。（阪口）

2. 近江神宮創建の経緯

⑴ 近江神宮が鎮座する宇佐山周辺の歴史

近江神宮西北の山中には六六八年（天智天皇の七年）正月十七日に建立されたと伝えられる天智天皇ゆかりの崇福寺跡《すうふくじあと》がある。寺跡は三つの尾根筋にまたがる伽藍配置になっているが、九二一年（延喜二十一）十一月四日および九六五年（康保二）に焼失し、以後、衰退の一途をたどってきた。傍らを志賀越の古道が通っている。この崇福寺跡から、近江神宮造営中の一九三九年（昭和十四）五月十七日、舎利容器が出土した。容器は三つの部分からなり、一番外側から銅、銀、金でそれぞれ精緻に作られ、納められた仏舎利とともにたいへん貴重な文化財として国宝に指定された。

近江神宮本殿の裏山、宇佐山（標高三三四メートル）の中腹に宇佐八幡宮が鎮座し、さながら近江神宮の奥宮の感がある。このお宮は錦織一円の氏神である。源頼義によって約九〇〇年前にこの地に勧請されたと伝えられている。

一五七〇年（元亀元）、織田信長の家臣・森三左衛門可成《よしなり》はこの山に宇佐山城を築城し、浅井・朝倉連合軍と対峙した（宇佐山城の攻防）。城将森可成は同年九月二十日、下阪本まで出陣したが衆寡《しゅうか》敵せず、三万の連合軍の前に討死した。この城は北に志賀越（今道越）、西南に如意越、南に坊越、逢坂越があり、眼下には湖岸に沿って北国街道を控えた要衝の地であった。後の比叡山焼討ちもこの城を足掛かりに行われている。その後、明智光秀が拠る坂本城ができたことによって宇佐山城は廃城となった。現在、わずかに東西に石垣が残っている。なお、このときの戦火によって宇佐八幡宮も焼失したと思われ、現在、焼けた痕跡を残した礎石の上に仮本殿が建てられ、今日に至っている。

宇佐山は斑雪《はだれ》しづくありけるや　千三百年まえのかの日も

（吉井　勇）

このあたりは古墳が集中している所でもある。近江神宮から見て南西から日本最古の皇子山古墳、山田古墳、宇佐山古墳と続き、北西へ福王子古墳、滋賀の百穴、壺坂山頂の古墳と連なっている。境内地の今の駐車場からは、かつて柿畑だったところから平安期の骨壺が出土している。

一九七四年(昭和四十九)晩秋から一九七八年(昭和五十三)春にかけてこのあたり(錦織地区)一帯の調査が行われ、発見された柱穴群から、大津京跡がほぼこの地であろうと確定された。その場所には現在、志賀皇宮跡の碑が建っている。この石碑は明治時代のもので、一九〇八年(明治四十一)に宇佐八幡宮社掌中西末治郎に宮跡碑の管理を委嘱し、その機に桜樹二〇〇本を植樹したという記録が残っている。

(2) 天智天皇の宮都・大津宮ゆかりの地に

近江神宮の創建は一九〇〇年(明治三十三)、日吉大社の神官・近藤明ら有志が天智天皇を顕彰するために「大津神宮」の創建を企

近江神宮造営地の原景

画したのに始まる。そして、一九〇八年（明治四十一）には大津市制施行十周年記念日に寄せて、ときの大津市長・西川太治郎が天智天皇奉祀神社創建の趣意を発表したところから、近江神宮創建運動が本格化することとなった。なお、市が公式の場で神宮創建の意思表示をしたのはこれが最初である。

その後、幾度も請願が繰り返された。一九三四年（昭和九）に至って、大津市議会議長より内務大臣並びに滋賀県知事に意見書を提出し、続いて滋賀県議会議長より内務大臣並びに滋賀県知事に意見書が提出されている。また、一九三五年（昭和十）には地元滋賀里町民より境内地の一部を献納する旨、請願書が提出された。さらに、翌年三月には近江神宮奉賛会設立準備会が設置された。

その結果、一九三七年（昭和十二）七月十六日、神社局長名で創建の内定通知が打電され、十月六日に正式に承認された。併せて予算閣議において、近江神宮造営費十二万円を承認、ここにようやく近江神宮創建の目途が立った訳であるが、創建の話が出てから実に三十八年もの歳月が経過している。遅々として進まなかった理由と

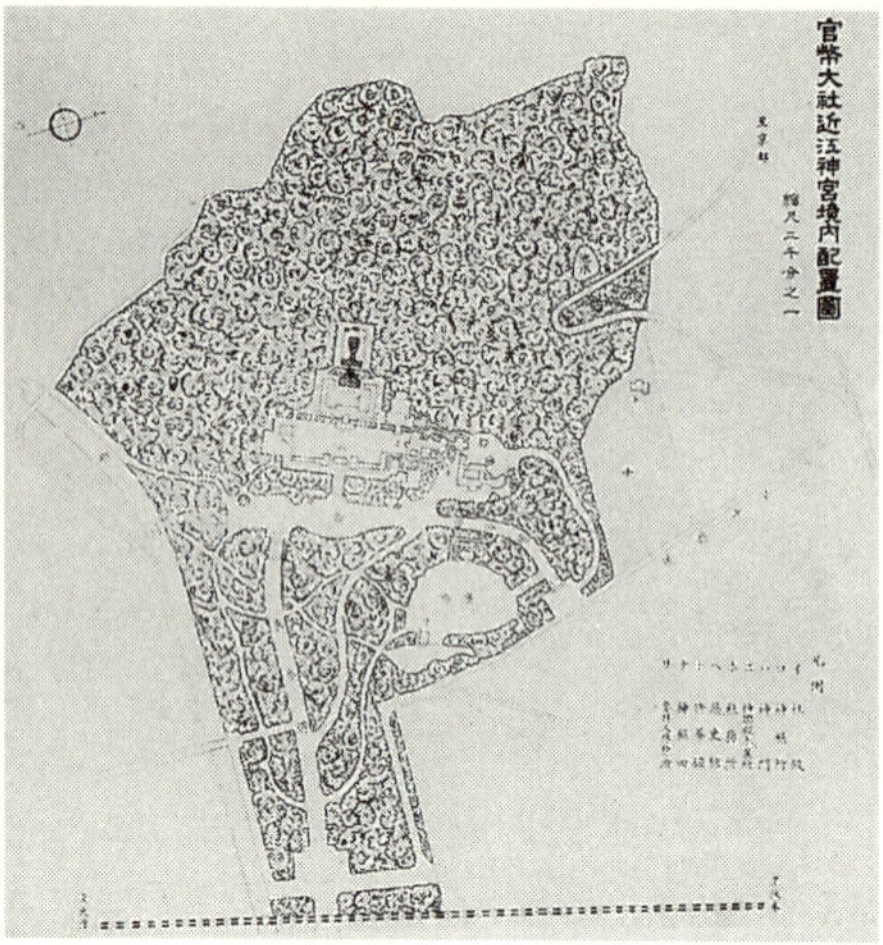

官幣大社近江神宮の境内配置図

して、近江神宮奉賛会設立当初からこれに深くかかわってきた当時の社兵課長（元貴生川町長）石川金蔵（昭和四十三年没）は、「一部の有志や当局だけの動きで、組織的でなかった。また、民心にくい入ってなかった」と語っている。

この間、神社名も「大津神宮」「滋賀神宮」などと意見が出されたが、論争の末『日本書紀』に記載のある「近江の宮」から近江神宮に落ち着いた。

(3) 紀元二千六百年（昭和十五年）記念事業として

一九三七年（昭和十二）八月、大津市は用地買収した土地五万坪を近江神宮に寄進することを市議会で可決し、そのため、八月中に地元と契約締結を済ませている。なお、地元滋賀村は一九三二年（昭和七）に大津市に併合されている。

そして、一九三八年（昭和十三）五月一日、内務省告示が出された。

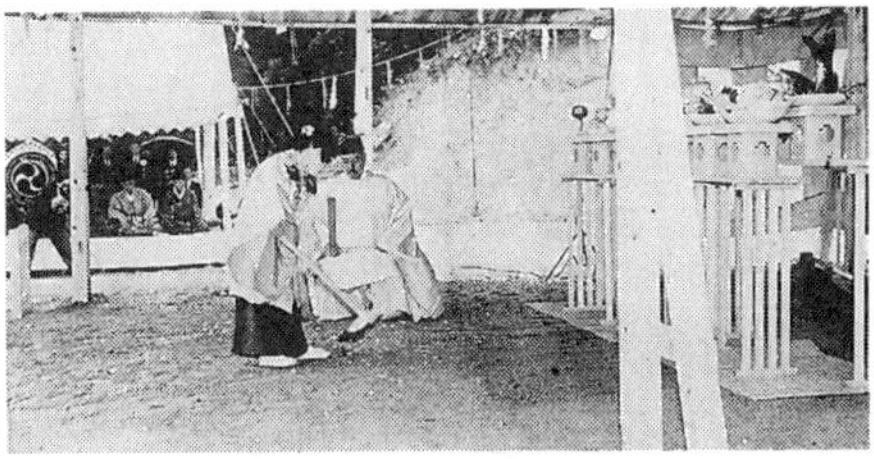

地鎮祭（童女さんによる穿初の式）［一九三八年六月十日］

木造始祭（釿《ちょうな》で檜の本、末、中を打つ）［一九三八年十月二十一日］

告示第二五四号
一、近江神宮　祭神　天智天皇　一座
右、昭和十三年五月一日滋賀県大津市錦織町南滋賀に社殿創立、社格を官幣大社に列せらる旨仰出さる。

この告示を受けて一九三八年（昭和十三）六月十日、多賀大社の大和田宮司を斎主、地元宇佐八幡宮の中西宮司らを副斎主にして、地鎮祭が執行された。これにより、第一期工事が本格的に始まることとなった。現在の手水舎周辺の当時の状況は、古池と一本の楓《かえで》の大樹を取り囲むように広く竹薮が茂っていて、視界が利かず暗いイメージであった。

その宇佐山東麓に広がる薮と棚田を切り拓いて、近江神宮造営がスタートした。

（小山）

トピックス①

近江神宮大鳥居用材の搬出

近江神宮の大鳥居用材の搬出の模様を伝える当時の新聞記事と貴重な写真が、琵琶湖博物館に保存されている。それによれば、用材は伊香郡永原村（現西浅井町）大字小山の丹治義三氏所有の山林から切り出された。長さ三十二尺（約九・七メートル）二本、長さ二十四尺（約七・三メートル）三本の合計五本で、いずれも根元の直径が五尺（約一五二センチ）以上もあるスギの巨木であったという。搬出には滋賀郡伐出組合があたったが、巨木ゆえ困難な運搬を引き受ける馬車引はなかなかいなかった。そのとき、「五尺足らずの小男なれど大物好みで他人の出来ないのを引受けて快味を覚える」という滋賀郡坂本村（現大津市）の宮川六之助さんが飛びつくように引き受け、木馬にのせていったん大浦港まで搬出し、そこから筏を組み水路、近江神宮造営地に近い柳ケ崎水泳場まで搬送したという。

（大谷）

近江神宮大鳥居用材の搬出［写真提供・丹治義和氏、琵琶湖博物館］

3．造営工事を担った人たち

(1) 国策色の濃い動員体制

近江神宮の造営工事は、地元民をはじめ県下各地はいうにおよばず、他府県各機関からの勤労奉仕隊ら大勢の人たちの努力と献身に支えられて進んでいった。滋賀県知事は県下の各市町村長、各学校長に対して「挙県一致して御造営に努めよ」と訓令を発し、ここに全県支援体制ができあがっていったのである。ちなみに近江神宮創立の布告が出された同じ年に、国家総動員法が国会において可決、成立している。

勤労奉仕隊の規模は県外にもおよび、東レをはじめとする大企業や中小企業、仏教団体や天理教、キリスト教などの宗教団体、さらに国鉄からも保線区、通信区、車掌区といった職場単位の参加が行われた。なかでも特筆すべきは、平壌公立中学校から一〇四名もの

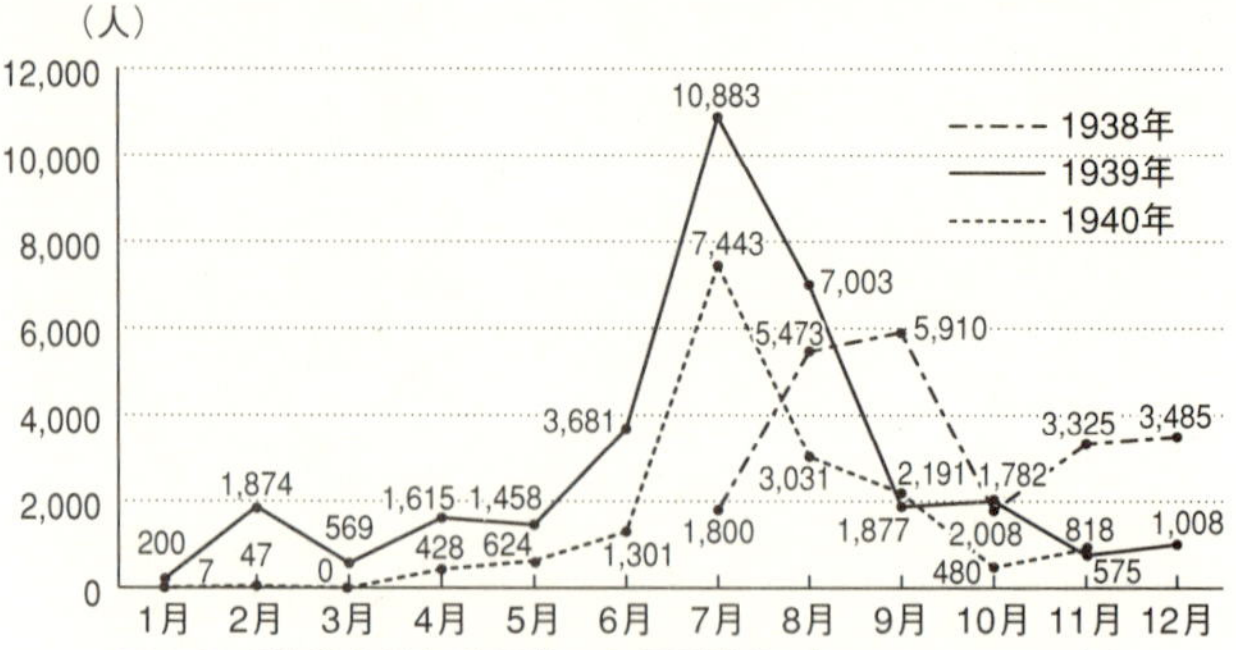

図1-5.「勤労奉仕」動員数の年月別推移（1938〜1940年）

生徒や先生が海を渡って参加していることである。このように国策色がたいへん濃厚な動員体制であったことがうかがわれる。

　ところで、造営工事の基幹を担っていたのは在日「朝鮮」人労働者である。家族を連れた土木工事従事者も多数あり、錦織町周辺には飯場が数多く建ち、家族共々の生活風景が見られた。食糧不足が徐々に進むなかでの苦しい生活であった。当時の土木工事といえば、現在のような大型重機もなく、ツルハシ、スコップを使った手作業であり、土砂運搬はすべてモッコによる人肩運搬とトロッコ運搬であった。時にはブレーキの利かないトロッコもろとも投げ出されて死傷者が出るという苛酷な労働環境であった。

　こうした基礎工事が進む中で林苑工事と建築工事が並行して行われ、主たる社殿ができあがったのが一九四〇年（昭和十五）十一月で、これで第一期工事は終了した。造営工事に伴う所要人員は延べ十二万九六六九人におよんでいる。そのうち、林苑工事だけでも一万二一七人を要している。ここで、各年の勤労奉仕動員数を記録から見ることにする。総勢七万一〇七八人の年月別推移は図1―5の通りである。

トロッコによる運搬（整地工事）

モッコによる人肩運搬（「勤労奉仕」に動員された人たち）

鎮座奉祝祭（参列した人々が退出する）
［一九四〇年十一月八日］

(2) 戦時体制下の近江神宮

完成した本殿は三間四面向拝付切妻造で、本殿、祝詞殿、中門、内拝殿、外拝殿が廻廊で結ばれた独特の「近江造り」の社殿となった。一九四〇年十一月七日、鎮座祭が執行された。初代宮司は平田貫一であった。

鎮座祭が終わってから後も、地元滋賀小学校の児童らは折りにふれて参道の掃除や草引き作業などに動員された。一九四一年（昭和十六）十二月八日の太平洋戦争開戦以降は、毎月八日の朝礼は神前に整列して必勝祈願の神事に参加させられた。これは寒暑を問わず行われたし、総裁（高松宮）が来社の折は必ず事前の掃除並びに当日は送迎の列を作らされた。しかも、この時は全員頭を上げることは一切許されないという厳しいものであった。

続いて一九四四年（昭和十九）から第二期工事が予定されていたが、日中戦争から第二次世界大戦を経て日本の敗戦を迎えるまでのわが国の国情の悪化は、工事続行を困難なものにしていった。それ

大津市の神賑行事（鳳輦渡御）〔一九四〇年十一月八日〕

第一期工事完了の境内全景

どころか、戦争末期には境内が単発機の隠蔽《いんぺい》場所として利用された。この時、植樹からわずか五、六年でクスノキなどの広葉樹は飛行機を隠せるほどに育っていたのである。その木を一部切り払ってスペースをつくって運び込まれたが、アメリカのグラマン戦闘機に立ち迎えるほどの性能をもった飛行機でないことは誰の目にも明白であった。戦後、この飛行機がどう処理されたかは不明である。その後、跡地には神職の住宅が建てられた。

（小山）

トピックス②

近江神宮のおもな年中行事

漏刻祭（時の記念日）［写真提供・近江神宮］

　小倉百人一首が天智天皇の歌「秋の田の……」で始まることにちなんで、一九五一年（昭和二十六）一月七日、第一回かるた祭が開催され、名人位、クイーン位が設けられたが、今や新春のかるた祭（全国歌かるた大会）は伝統行事になりつつある。

　また、二月三日の節分祭もしばしばマスコミで紹介される。春の例祭（近江祭）は四月下旬、近隣の自治会から子供御輿が集まり、渡御が行われる。かつては鳳輦《ほうれん》先導のもと各町の御輿が出て祭りを盛り上げていたが、いつのまにか廃止された。

　天智天皇がはじめて漏刻《ろうこく》（水時計）を作って国民に時間の観念を教えたことにちなんで一九六三年（昭和三十八）に、境内の一角に時計博物館が開設された。そして、六月十日（時の記念日）には漏刻祭が催行される。六

郁子（ムベ）の献上と献花祭（11月）
［写真提供・近江神宮］

月三十日には饗宴祭（夏越《なごし》の祓い）、また七月七日には燃水

近江神宮本殿

祭、同下旬には納涼祭が催される。燃水祭に献上される「燃える水」は臭水（クソウズ、原油）といい『日本書紀』天智天皇七年（六六八）条に「秋七月、越国より燃ゆる土と燃ゆる水を献ずる」とある。今の新潟県北蒲原郡黒川村の臭水遺跡で採油されたものである。

　秋たけなわの十一月には伝統ある「菊花展」が開かれ、流鏑馬《やぶさめ》神事（三日）や七五三詣ででにぎわう。また、例年十一月一日には旧奥島の庄司福居茂助家よりムベが献納されており、「奥島の御贄郁子《おんしむべ》」といわれている。十二月一日には初穂講大祭（近江神宮新嘗祭）が行われ、大晦日の年越大祓式で一年を締めくくる。（小山）

交通：京阪石坂線「近江神宮前駅」から徒歩10分。JR湖西線「西大津駅」から徒歩15分。JR「大津駅」からバスで「近江神宮前駅」下車。**照会先**：近江神宮（077-522-3725）

造営された近江神宮林苑（表参道より）

4．林苑造営計画

(1) 林苑工事の概要

近江神宮造営第一期工事は一九三八年（昭和十三）四月、境内の整地作業から始まり、同年六月十日に地鎮祭が執行された。それから約二年五ケ月の歳月を経て、一九四〇年（昭和十五）十一月七日に完成し、鎮座祭が執行された。そのうち、林苑工事としては整地、植樹作業が行われたが、整地面積は一万一二〇〇坪（約三万六九六〇平方メートル）におよび、工事に要した人員は延べ一万二一七人を数えた。他の土木工事などを含め動員された人員は、一九四〇年（昭和十五）十一月末日までに総計七万一〇七八人に達したという。年譜によれば、植樹本数は成木が三四五五本、株物が一六二二株、苗木が一万五十五本となっている。

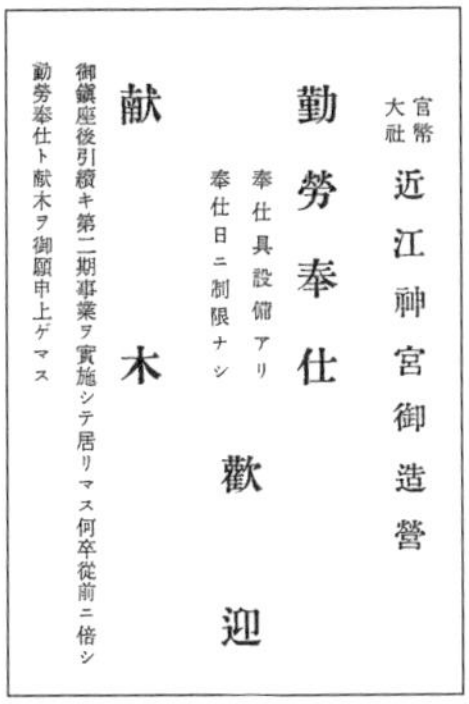

官幣大社 近江神宮御造營

勤勞奉仕 歡迎

奉仕具設備アリ
奉仕日ニ制限ナシ

獻木

御鎭座後引續キ第二期事業ヲ實施シテ居リマス何卒從前ニ倍シ
勤勞奉仕ト獻木ヲ御願申上ゲマス

勤労奉仕と献木を呼びかける広告
（近江神宮奉賛会会報「近江神宮」第1号より）

(2) 献木希望樹種から推定される林苑の将来像

近江神宮林苑に植栽する樹木は、滋賀県民のみならず全国民を氏子にするという趣旨に基づき、当初から広く篤志《とくし》者からの献木を募ることとなった。献木の選定条件として、まず第一に「献木ハ健全ニ発育シ将来生育ノ見込確実ナルモノヲ選定セラレタシ」とし、献木樹種については甲類（喬木性）と乙類（灌木性）に分類し、表1―1のような樹種を列記している。表中、○印を附したものはとりわけ献木を希望した樹種である。

これによれば、喬木性（高木性）の樹木としては、針葉樹ではマツ類、ヒノキ、サワラ類、カヤ、ツガ類など、落葉広葉樹ではケヤキ、ヤマモミジ、ヤマザクラなど、常緑広葉樹ではカシ類、クスノキ、タブ類、シイ類、オガタマノキなどがあげられている。また、灌木性（低木性）の樹木としては、落葉広葉樹ではドウダンツツジ、ツツジ、キリシマ類など、常緑広葉樹ではユズリハ、ヤツデ、サカキ、ヒサカキ、マサキ、アオキ、イヌツゲ、トベラ、アセビ、ウバメガシ

表1-1．近江神宮林苑工事にかかわる献木希望樹種

	甲　類（喬木性） 樹高１間半（2.7m）以上	乙　類（灌木性） 樹高１間半（2.7m）以下
針葉樹	○マツ類 ○ヒノキ、サワラ類 ○カヤ、ツガ類 ・マキ類 ・スギ ・ナギ ・イチョウ	・イチイ（キャラ、 アララギ類）
落葉広葉樹	○ケヤキ ○ヤマモミジ ○ヤマザクラ ・エノキ、ムクノキ	○ドウダンツツジ ○ツツジ、キリシマ類 ・ニシキギ ・ボケ
常緑広葉樹	○カシ類 ○クス、タブ類 ○シイ類 ○オガタマノキ ・モチ類 ・サンゴジュ ・モッコク ・ヤマモモ ・タラヨウ	○ユズリハ ○ヤツデ ○サカキ ○ヒサカキ ○マサキ ○アオキ ○イヌツゲ ○トベラ ○アセビ ○ウバメガシ ・ツバキ ・シャリンバイ ・オガタマノキ ・サンゴジュ ・カナメモチ

註：表中○印を付したものは最も希望の樹種である。
［出典］近江神宮奉賛会会報「近江神宮」第１巻第１号（昭和14年２月11日発行）に記載の「近江神宮御造営用献木に就て」による。

などがあげられている。

　こうした献木希望樹種から近江神宮林苑の将来像を推定してみよう。すなわち陰樹であり、成長が緩慢な常緑広葉樹を将来の主林木とし、それだけでは景観が単調になるため、針葉樹や落葉広葉樹の風致木を混植して樹形や色彩などに変化をもたせようとしたと考えられる。また、低木にも将来の鬱蒼《うっそう》とした林相を想定して陰樹が選ばれ、参道沿いなどは彩りを添えるため、ツツジ類などが加えられたのであろう。

　近江神宮の林苑造営に際し

献木ニ關スル取扱手續

1、出願手續

一、献木セントスル者ハ左記樣式献木願書ヲ差出サレタシ
（願書送付先　滋賀縣廳内近江神宮奉賛會宛）

献　木　願

住所　　　　氏名　㊞

近江神宮奉賛會長殿

今般近江神宮御造營事業翼賛ノ爲「荷造運搬費自辨ヲ以テ」左記献木致度候間御聽許被成下度候

樹種	樹齢	枝張直徑	枝下	目通周圍	本数	根廻シ	搬入希望
	年	尺	尺	尺	本	年月	年月

2、出願期限搬入期限

一、献木出願ノ期限ハ昭和十四年六月末日迄トス
二、献木搬入期ハ献木許可ノ際之ヲ指定スルモノトス
三、献木搬入季節ハ大略左ノ如シ

種類別	搬入期 春	搬入期 秋
常綠闊葉樹類（カシ、シヒ、クス、タブ類）	自三月下旬 至六月下旬	自九月下旬 至十月下旬
落葉闊葉樹類（サクラ、ケヤキ、エノキ類）	自二月中旬 至三月中旬	自十月上旬 至十一月下旬
針葉樹類（マツ、ヒノキ、カヤ類）	自二月下旬 至五月上旬	自十月上旬 至十一月上旬
灌木	隨時	隨時

（以下略）

献木に関する取扱い手続き（近江神宮奉賛会会報「近江神宮」第1号より）

ては、それに先立つこと二十数年前、一九一五―一九一九年（大正四―九）の五ケ年にわたって造営された明治神宮の林苑計画が、少なからず影響を与えていると思われる。その基本理念は「永遠の杜」を造ることにあり、そのために、土地の気候風土に最も適し、天然更新が可能で、かつ、大気汚染に備えて煙害に強い樹種が選ばれ、将来の林相を予測した高度な植栽計画が立てられたのである。なお、明治神宮林苑の詳細については「明治神宮御境内林苑計画」（本郷　一九二二）や「大都会に造られた森―明治神宮の森に学ぶ―」（松井ほか　一九九二）などを参照されたい。

(3) 献木された樹種

近江神宮造営とともに県庁内に近江神宮奉賛会が設置され、ここが窓口となって一九三九年（昭和十四）六月末日まで献木の受付が行われた。献木希望者は樹

種、樹齢、枝張直径、枝下、目通周囲、本数、根回し年月、搬入希望年月を記入した「献木願」を作成し、奉賛会宛に出願した。献木にかかる経費は荷造り、運賃などすべて献木者の負担とされたが、特に経費のかさむ場合は協議の上、一部または全部を交付されることもあったようだ。

その結果、字、学区、役所、各種団体、個人などから多くの献木が寄せられた。表1―2は一九四〇年（昭和十五）十二月末現在の献木名簿から、主な献木者（団体）と樹種、本数などを整理したものである。大阪営林局など林業関係の団体のほか、膳所学区などのように学区、字あげて献木が行われたことがわかる。

また、図1―6は同年十月末現在の「献木納入済数」をもとに、献木樹種を裸子植物を含む針葉樹、落葉広葉樹、常緑広葉樹に三分類し、

表1-2．滋賀県内および近隣府県から寄せられた主な献木

献木者（団体）	樹種と本数
大津市膳所学区	スギ他１種苗木3000本
大阪営林局	アラカシ他24種500本
京都営林署	サクラ他４種苗木500本
大津営林署	クロマツ他２種苗木375本
林務課	クロマツ苗木225本
滋賀県庁内山林会	ツガ他１種100本
甲賀郡石部町の個人	サクラ苗木100本
大津市東学区	サクラ35本、アラカシ25本
大津市の個人	ツガ他４種50本
兵庫県某	スギ他５種40本
大津市東学区	サクラ35本、アラカシ25本
栗太郡葉山村	トウヒ他１種20本
栗太郡常盤村片岡他9ケ字	マツ13本
蒲生郡西大路村	クス他４種11本
滋賀県土木建築業組合	シラカシ他２種10本
伊香郡永原村八田部他９ケ字	マツ10本
愛知郡愛知川町愛知川他９ケ字	ヒノキ10本
浄土宗滋賀教務所	サカキ10本

註：その他、９本以下の献木者（団体）が45件みられる。
［出典］近江神宮奉賛会会報「近江神宮」第４号（昭和16年１月25日発行）に記載の昭和15（1940）年12月末現在の「献木名簿」による。

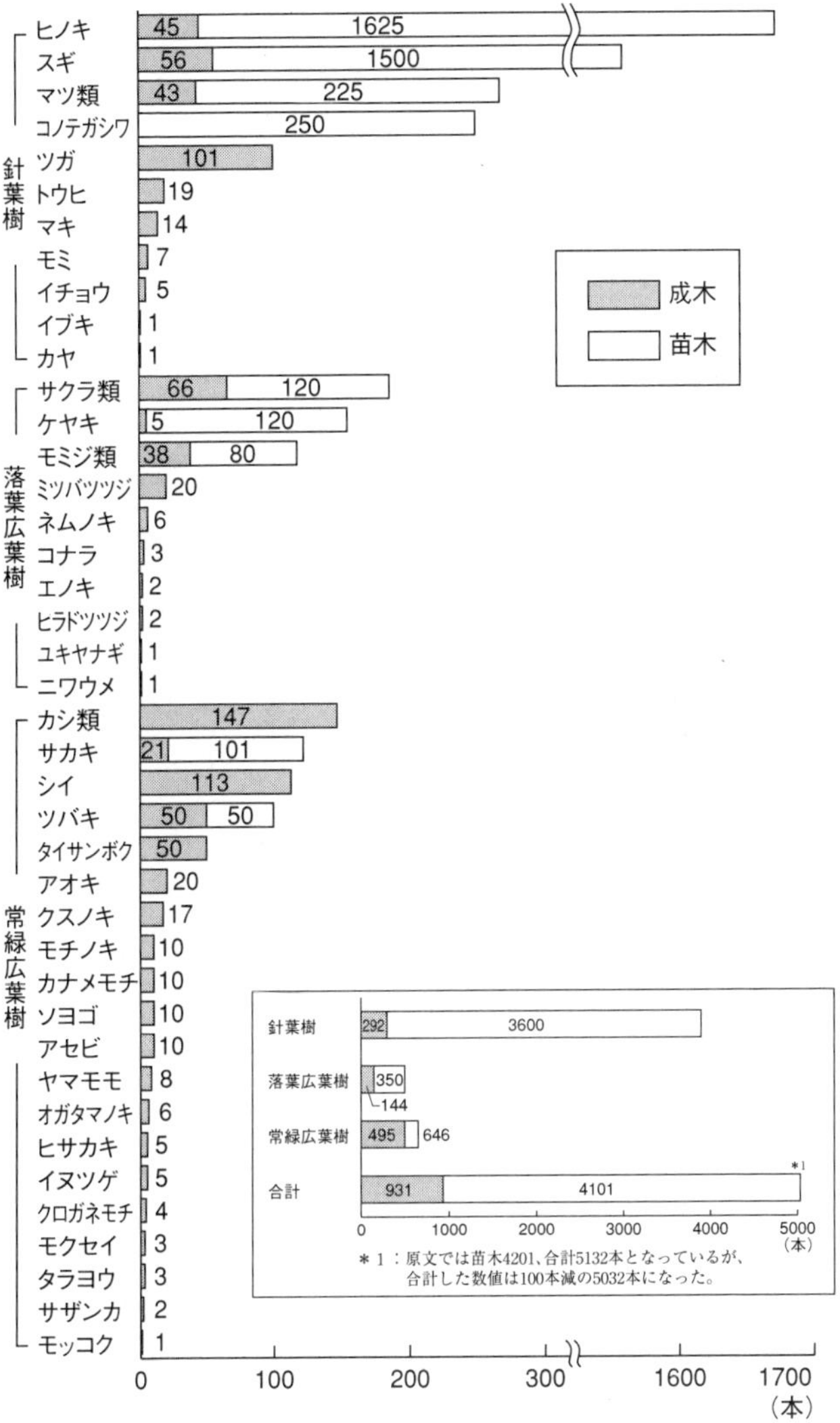

図 1-6．近江神宮林苑工事にかかわる献木の樹種および数量

［出典］近江神宮奉賛会会報「近江神宮」第 4 号（昭和16年 1 月25日発行）
に記載の昭和15（1940）年10月末現在の「献木納入済数」による。

成木および苗木の献木数をまとめたものである。これによれば、成木ではカシ類（アラカシ、シラカシなど）、シイ、ツバキ、タイサンボクなどの常緑広葉樹が最も多く（五三・二％）、次いでツガ、スギ、ヒノキ、マツ類などの針葉樹が多い。落葉広葉樹は最も少ないが、サクラ類、モミジ類、ミツバツツジなど花や紅葉が美しい樹種が比較的多い。

一方、苗木ではヒノキ、スギをはじめコノテガシワ、マツ類という針葉樹が圧倒的に多く（八七・八％）、落葉広葉樹（ケヤキ、サクラ類、モミジ類）や常緑広葉樹（サカキ、ツバキ）は少ない。この結果、成木と苗木を合わせた本数は針葉樹三八九二本（七七・四％）、常緑広葉樹六四六本（一二・八％）、落葉広葉樹四九四本（九・八％）となり、針葉樹が圧倒的に多い樹種構成となる。

(4) 購入された樹種

林苑に植栽する樹木は、寄進による献木だけに頼るのではなく、植栽計画の意図に合致した樹種を直接購入することによって求めら

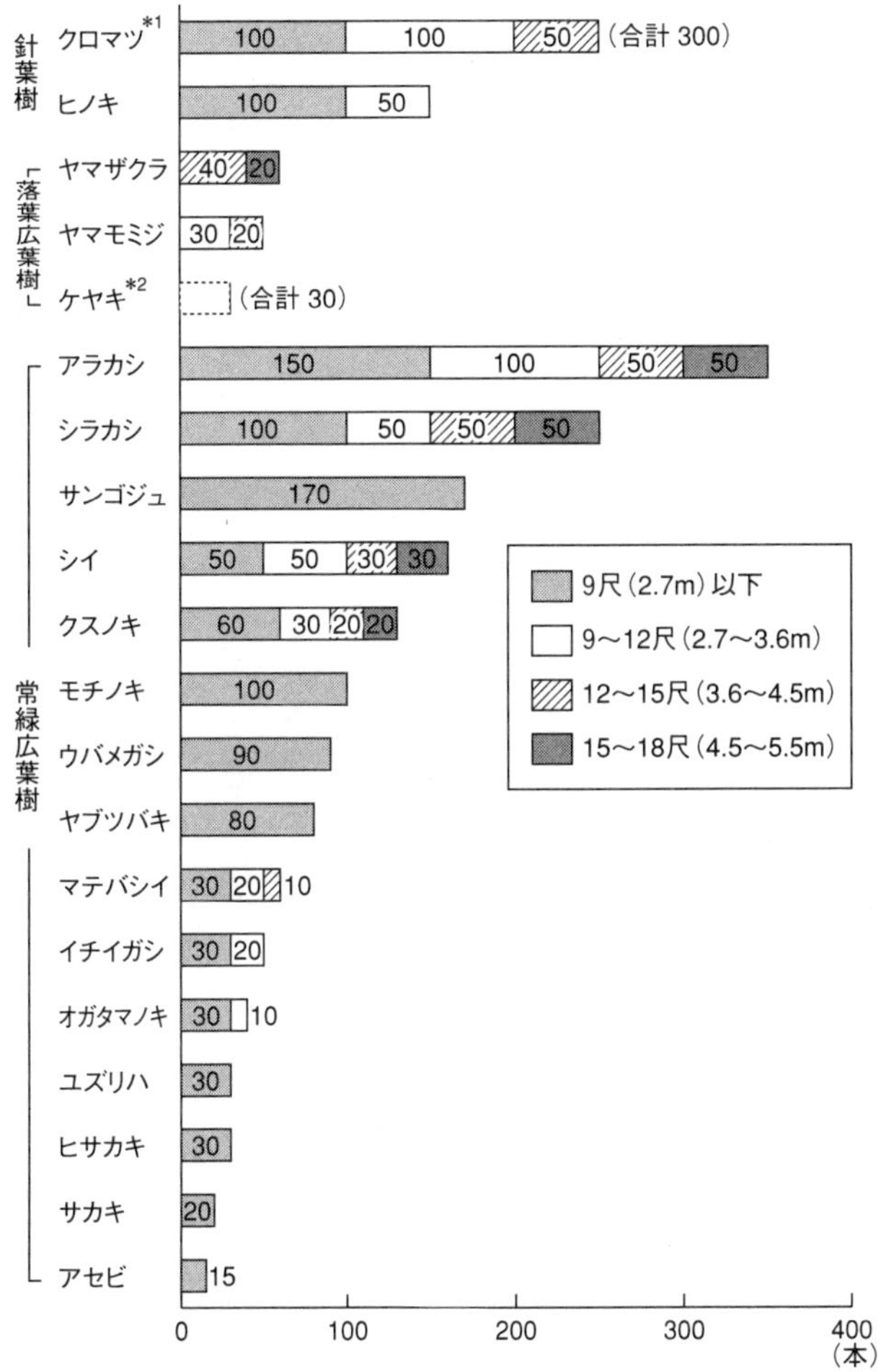

＊1：合計が合わないのは記載もれか、18尺以上のためと思われる。

＊2：合計しか数字がないのは18尺以上のためと思われる。別の箇所に18〜21尺（5.5〜6.4m）15本、24〜27尺（7.3〜8.2m）7本を植栽した旨、記載がある。

図 1-7. 近江神宮林苑工事にかかわる購入樹木の樹種および数量

［出典］近江神宮奉賛会会報「近江神宮」第2巻第1号［通算3号］（昭和15年1月10日発行）に記載の「第1次樹木購入調書」による。

れた。図1―7は一九三九年（昭和十四）三月、甲賀郡石部町の青木卯助と購入契約が結ばれた「第一次購入樹木」の樹種、数量を樹高階級別に示したものである。総本数二一六五本のうち、最も多いのは常緑広葉樹の一五七五本（七二・七%）で次いで針葉樹四五〇本（二〇・八%）、落葉広葉樹一四〇本（六・五%）となっている。

樹高階級別に見ると、五・五～八・二メートルの最も高い樹木にはケヤキが選ばれているほか、四・五～五・五メートルの上層木にはアラカシ、シラカシ、シイ、クスノキの常緑広葉樹とヤマザクラが選ばれ、これらの樹種をもって初期樹冠としている。また、二・七～四・五メートルの中層木にも常緑広葉樹のアラカシ、シラカシ、シイ、クスノキ、マテバシイ、イチイガシ、オガタマノキを中心にヤマザクラ、ヤマモミジ、クロマツ、ヒノキが風致木として選ばれている。こうした上～中層木が将来の樹冠構成種として想定されている。ただし、クロマツは参道沿いなどに植えられた場合が多く、森林構成種とはなっていない。

なお、ヤマザクラが選ばれたのは、古来、比叡山の山裾から三井

常緑広葉樹と夏緑広葉樹が混生する現在の樹冠

寺山内にわたる長等の峰つづきは全国でも有数の山桜の名所とされ、中世には「志賀の花園」が歌枕となっていたことにちなんだもので、志賀の都のいにしえを偲ぶためであろう。

さらに、二・七メートル以下の低層木も将来の常緑広葉樹を主体とする陰樹林を想定して、更新をより確実にすべく上～中層木を構成する樹木（陽樹の落葉広葉樹を除く）のほか、サンゴジュ、モチノキ、ウバメガシ、ヤブツバキ、ユズリハ、ヒサカキ、サカキ、アセビといった常緑広葉樹が選ばれている。後者の樹種は乾燥や排気ガスなどに対する耐性が強く、森林と道路などとの境界に生け垣的役割で植えられたものも多いと思われるが、放置されれば成長して将来の亜高木層構成種となる。

(5) 荘厳味を加えてきた林苑造営二十年後の姿

当時、滋賀県の社兵課長で創建事務局の仕事を担当していた石川金蔵によれば近江神宮境内地の造苑計画は、外拝殿前の縦断線より上の山地は滋賀県林務課の委託植林（補植手入れ）とし、社殿の周

現在の近江神宮林苑（表参道周辺の樹木）

囲と東部一帯は奉賛会の直営造苑として、神社局田阪美徳技師、岸田昇技手を中心に樹種、樹齢、配合などを勘案し、また土質の関係と数年後の林苑の様相を考慮して詳細な設計が立てられた。

林苑造成地は小山を崩し、段地を埋め立てて整地した場所であるため、若木を植栽すると地肌が現れ、大雨の後は土砂流出が頻繁に起こったが、そのつど修理が施され、林苑管理には多くの手間暇がかけられたようである。そうした努力の甲斐あって、当初の計画では楼門廻廊のあたりに立てば、木の間越しにちらほら湖水が見えるようにということだったらしいが、植栽二十年後には立派に成長して鬱蒼《うっそう》となり、予想以上に繁茂して荘厳味を加えてきたと『近江神宮創建造営夜話』（一九六四）の中で石川も述懐している。（大谷）

毎木調査風景（胸高周囲の測定）

5. 林苑植生の現況

(1) 高木層を構成する樹木の種類と特徴

高木層構成木の毎木調査

近江神宮の森は、全体として高木層、亜高木層、低木層、草本層の四層からなる階層構造を示している。しかし、亜高木層以下の各層は伐採などの人為的干渉によって植被率は大きく低下し、組成的にも変質している。一方、高木層を構成する樹種については、枯損などを除いては伐採されることは比較的少ない。

林苑造営時に植栽された樹木が、ある一定の人為的影響下で植生遷移の自然法則に則って、あるものは保存されて大きく成長し、あるものは途中で枯損し、またあるものは自然に移入し、六十年の歳月を経て今日の森林が形成されたと考えると、高木層構成樹種の現

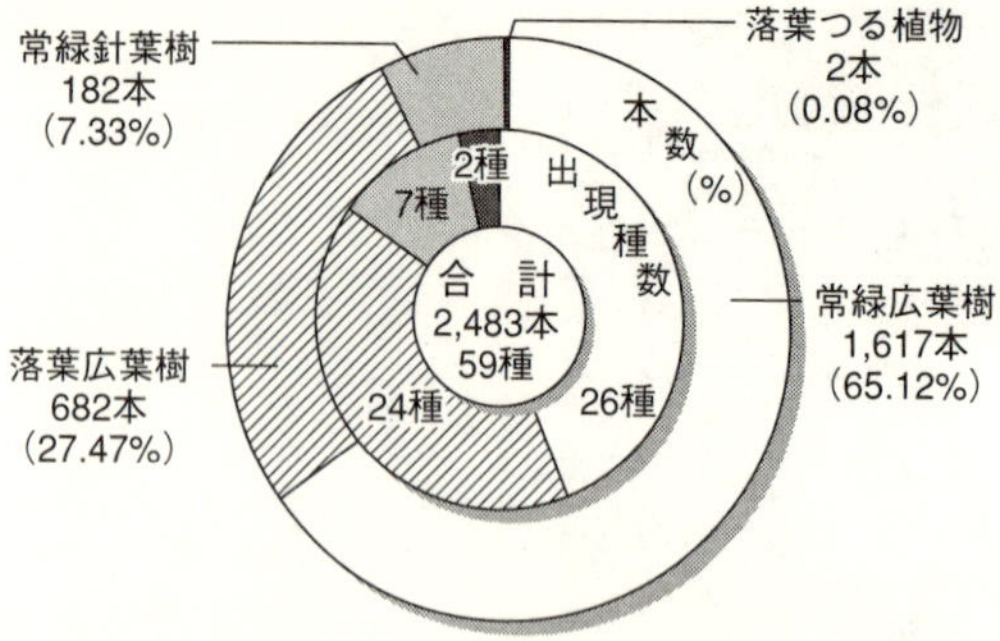

図 1-8. 高木層の樹木構成（生活形別割合）

況を探ることが植栽木の消長を解く鍵となる。そこで、私たち自然調査グループでは一九九六年（平成九）から二年がかりで、一部植林地を除く林苑全域の高木層構成木の樹高、胸高周囲などを記録する毎木調査を行った。

構成木の生活形と種類

林苑で調査された高木層構成木は二四八三本であった。これを生活形別内訳で見ると、常緑広葉樹（照葉樹）が一六一七本（六五・一二％）と最も多く、落葉広葉樹が六八二本（二七・二七％）、常緑針葉樹が一八二本（七・三三％）などとなっている（図1―8）。

また樹種別に見ると、いずれも常緑広葉樹のアラカシ三八四本（一五・五％）、シラカシ三六四本（一四・七％）、シイ（スダジイとツブラジイを含む）二四〇本（九・七％）がベスト3となっており、この三種で約四割を占めている。その他、五十本以上が記録された樹種は、常緑広葉樹ではクスノキ、イチイガシ、マテバシイ、サカキ、オガタマノキ、落葉広葉樹ではカエデ類、ムクノキ、エノキ、サクラ類、ケヤキ、針葉樹ではスギ、ヒノキとなっている。

林苑で最も多いアラカシ

既述のように、林苑造成に際しては上層木としてケヤキ、アラカシ、シラカシ、シイ、クスノキ、ヤマザクラなど、中層木としてアラカシ、シラカシ、シイ、クスノキ、マテバシイ、イチイガシ、オガタマノキ、ヤマザクラ、ヤマモミジ、クロマツ、ヒノキなどをそれぞれ選定し、これらの樹種をもって将来の樹冠構成を想定していた。現存木の樹種を見る限り、クロマツ（枯損）など一部を除き、ほぼ想定通りの樹冠構成となっていることがわかる。

献木および購入木との比較（樹木の消長）

近江神宮林苑第一期造営工事にかかわる献木および購入木の樹種と数量が図1―9に示されている。常緑広葉樹ではアラカシ、シラカシなどのカシ類八八七本、シイ二七三本、クスノキ一四七本、マテバシイ六十本、オガタマノキ四十六本などとなっており、これらの数値は現存の量とほぼ一致している。ツバキ、サンゴジュ、サカキ、モチノキの四種はいずれも一〇〇本を越えているが、高木層まで達して記録されたのはその半数以下である。タイサンボクは五十本も献木されているが、今回一本も記録されていない。一方、トベ

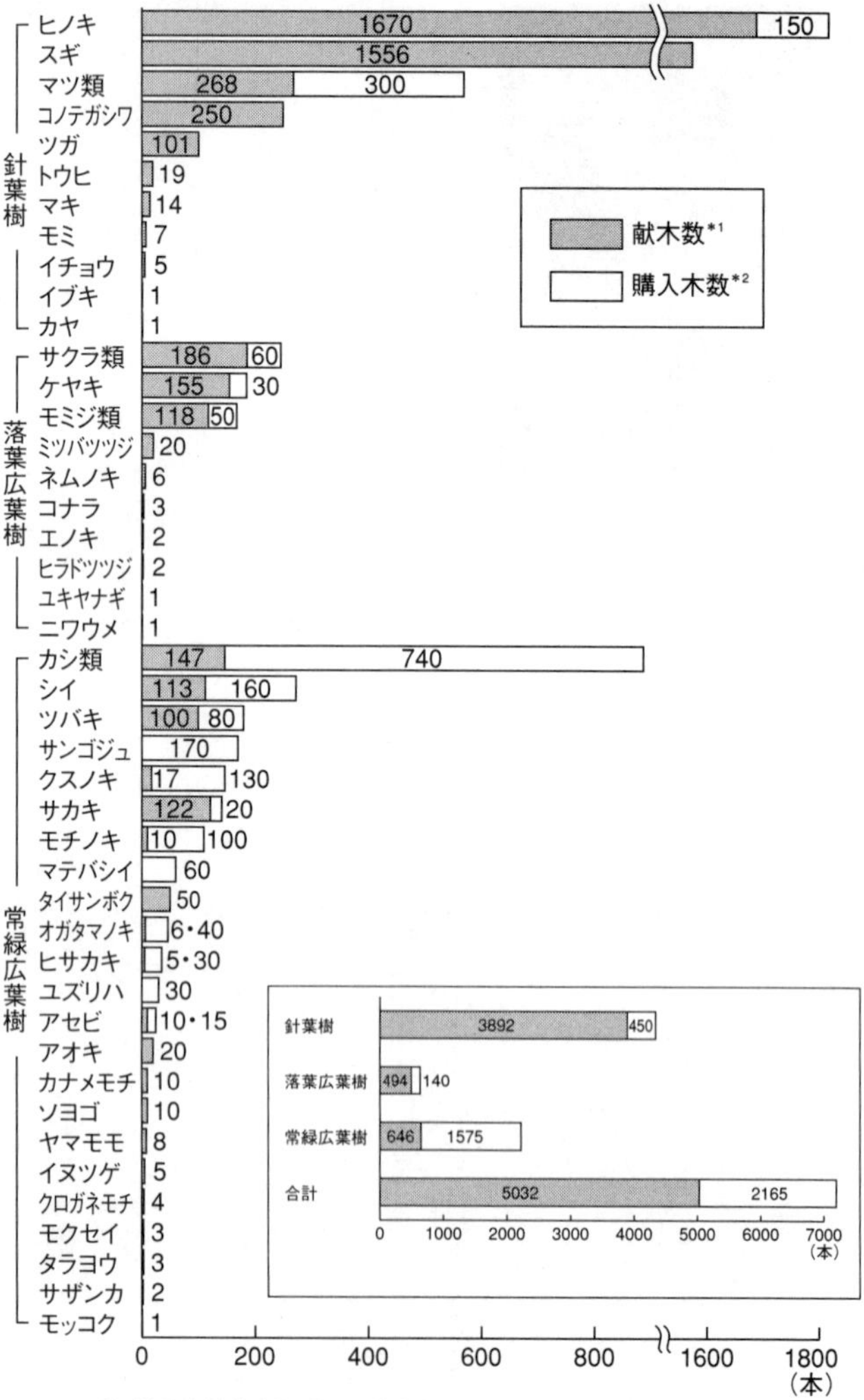

＊1：近江神宮奉賛会会報「近江神宮」第4号（昭和16年1月25日発行）に記載の昭和15（1940）年10月末現在の「献木納入済数」による。

＊2：同上第2巻第1号［通算3号］（昭和15年1月10日発行）に記載の「第1次樹木購入調書」による。

図1-9. 近江神宮林苑工事にかかわる献木、購入木の樹種および数量

ラ、ヤブニッケイは献木、購入の記録はないが、それぞれ三十九、十六本の生育が確認された。また、タラヨウも二十一本現存しており、献木数（三本）よりかなり多い。

落葉広葉樹ではサクラ類二四六本、ケヤキ一八五本、カエデ類一六八本の献木、購入記録がある。現存木はカエデ類は二二四本と増えているが、サクラ類とケヤキはその三分の一程度となっている。サクラ類は高木層に達しないものが多くあり、また一部枯損などによって減少したと思われる。ケヤキについては成長過程での枯損のほか、初期の段階でのムクノキやエノキとの誤記載の可能性もある。ムクノキやエノキは献木、購入記録はほとんどないにもかかわらず、高木層の現存木はいずれも一〇〇本を越え、ケヤキよりはるかに多い。そのすべてが野鳥などによる自然移入とは考えにくい。

針葉樹ではヒノキ、スギは一五〇〇本を越える献木があったが、高木層で現存しているのは各八十本程度と少ない。また、マツ類は五六八本、ツガは一〇一本、モミは七本の献木、購入記録があるが、現存木は一～数本に過ぎない。一方で、献木、購入記録がなかった

大きく成長したシイ

ナギが六本生育している。ナギは神社ではよく植えられている樹種であり、後に植栽された可能性もある。

構成木の太さ（胸高周囲）

近江神宮の林苑では胸高周囲三メートルを越える大木はほとんど見られない。胸高周囲三五〇センチ（高さ二十メートル）のシイが一本記録されているに過ぎない。この木は群を抜いており、造営時に植栽されたのではなく、残存木である可能性が高い。

多くの樹木の胸高周囲は二十～一二〇センチ程度であり、スリムな木が多い。胸高周囲二メートルを越える比較的大きい木はシイが十八本と最も多く、クスノキ十六本、シラカシ五本、サクラ類三本、ケヤキ二本が記録されている。

構成木の高さ

近江神宮林苑の樹木は、植栽後六十年位しか経っていないにもかかわらず、樹高の高い木が多い。土質が良かったことと、密植することによって光を求めて上へと成長する現象が起こったのだろう。近江神宮の樹木はスリムで背の高いものが多いといえる。樹高八～九メートルの木が最も多いが、十～二十一メートルまでで分布の中心を求めることは困難であり、各階層に平均して分布している。

高木層の中でも最上の林冠を構成する樹高二十四メートル以上の木はシラカシが四十七本と最も多く、クスノキ三十六本、ケヤキ十四本、シイ十三本、イチイガシ十二本、ムクノキ四本、エノキ三本、スギ三本などが記録されている。近江神宮の森は常緑広葉樹（照葉樹）を主体としながら、樹形や色彩に変化のある落葉広葉樹や針葉樹を交えた多様な林相を呈する人工の森となっていることがわかる。

（大谷）

(2) 林苑樹木の生長特性

樹木のスタイル

近江神宮の森で行われた高木層構成木を対象にした毎木調査では、樹高と胸高周囲が測定された。樹木の生長を考える場合、樹高

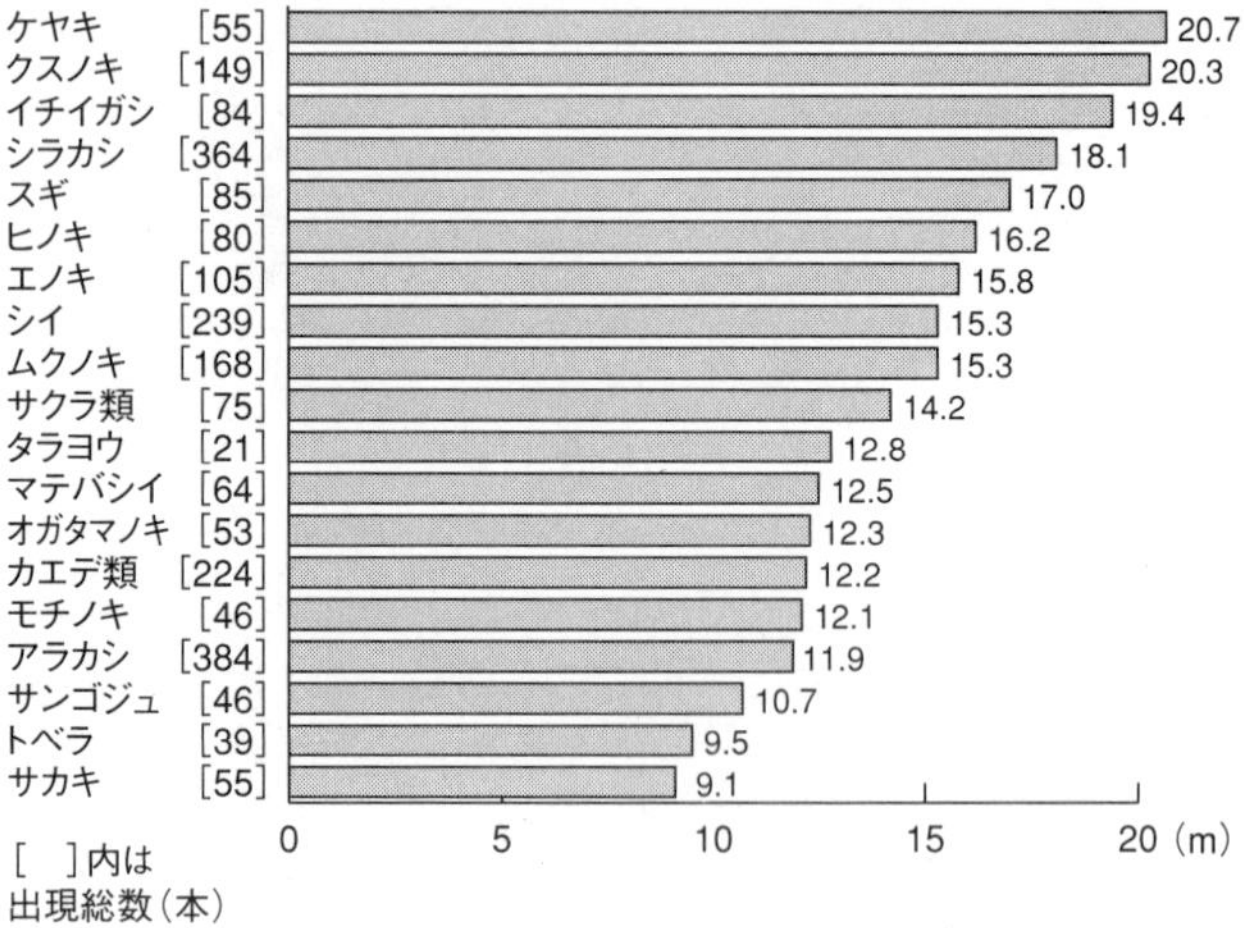

図 1-10．高木層主要構成樹種の樹高の平均値

生長（伸長量）と肥大生長の両面がある。この両者がバランスがとれた状態で生長しているか、アンバランスな状態かは、樹林内でのその個体の位置や安定性と大きく関係している。

ここでは、二十本以上記録された高木層の主要構成樹種について、樹高と胸高周囲の平均値を求め、各種の生長特性について考察した。

樹高生長

まず、各種の樹高平均値を算出したところ、図1―10のような結果となった。最も高い値を示したのはケヤキの二〇・七メートルで、クスノキ、イチイガシ、シラカシ、スギなどがこれに次いでいる。これらの樹木は樹高生長が著しく、高木になりやすい。ヒノキやエノキ、ムクノキ、シイなどは樹高生長はやや緩慢である。サカキ、トベラ、サンゴジュは本来、亜高木層に分布の中心があると考えられるが、近江神宮の森ではよく生

高木層にまで達するトベラの花（6月）

高木層にまで達するサカキの花（7月）

長して高木層に達している。

樹林内の個体生長は林分密度に大きな影響を受けるが、樹高生長への影響は少ないとされている（四手井　一九七六）。林分密度の疎密にかかわらず、その立地条件の下で発現されるべき種に応じた最大の樹高生長を示していると思われる。

肥大生長

次に、各種の胸高周囲の平均値を算出したところ、図1―11のような結果となった。最も大きい値を示したのはクスノキの一四七・二センチで、次いでケヤキ、シイ、イチイガシ、サクラ類、シラカシなどとなっている。

個体の肥大生長は林分密度

多くの果実をつけたタラヨウ

に大きな影響を受け、高密度では「競争─密度効果」によって優勢木は樹高生長も肥大生長もよく、バランスがとれた樹形を示す。上層樹冠を構成しているクスノキやケヤキ、イチイガシ、シラカシなどがこれに相当する。

樹木の生長特性

樹木の肥大生長の割合は立地条件やその年の気象条件などによって異なっているが、ここでは一定の割合で生長すると考えて、各種の樹高を十メートルと設定したときの胸高周囲（平均値）の換算値を算出した。その結果（図1─11）、同じ樹高で比較したとき、最も肥大生長を示す樹種はシイで、次いでサクラ類、クスノキ、ケヤキ、タラヨウなどとなっている。これらの樹木は肥大生長が著しく、大木になりやすい。一方、スリムな木はトベラ、カエデ類、サカキ、ムクノキ、モチノキ、サンゴジュなどとなっている。

カシ類のシラカシとイチイガシはほぼ同じ値で、樹高生長の小さいアラカシを含めて、生長特性に大差はない。また、針葉樹のスギとヒノキもほぼ同じ生長特性を示している。スギやヒノキの肥大生

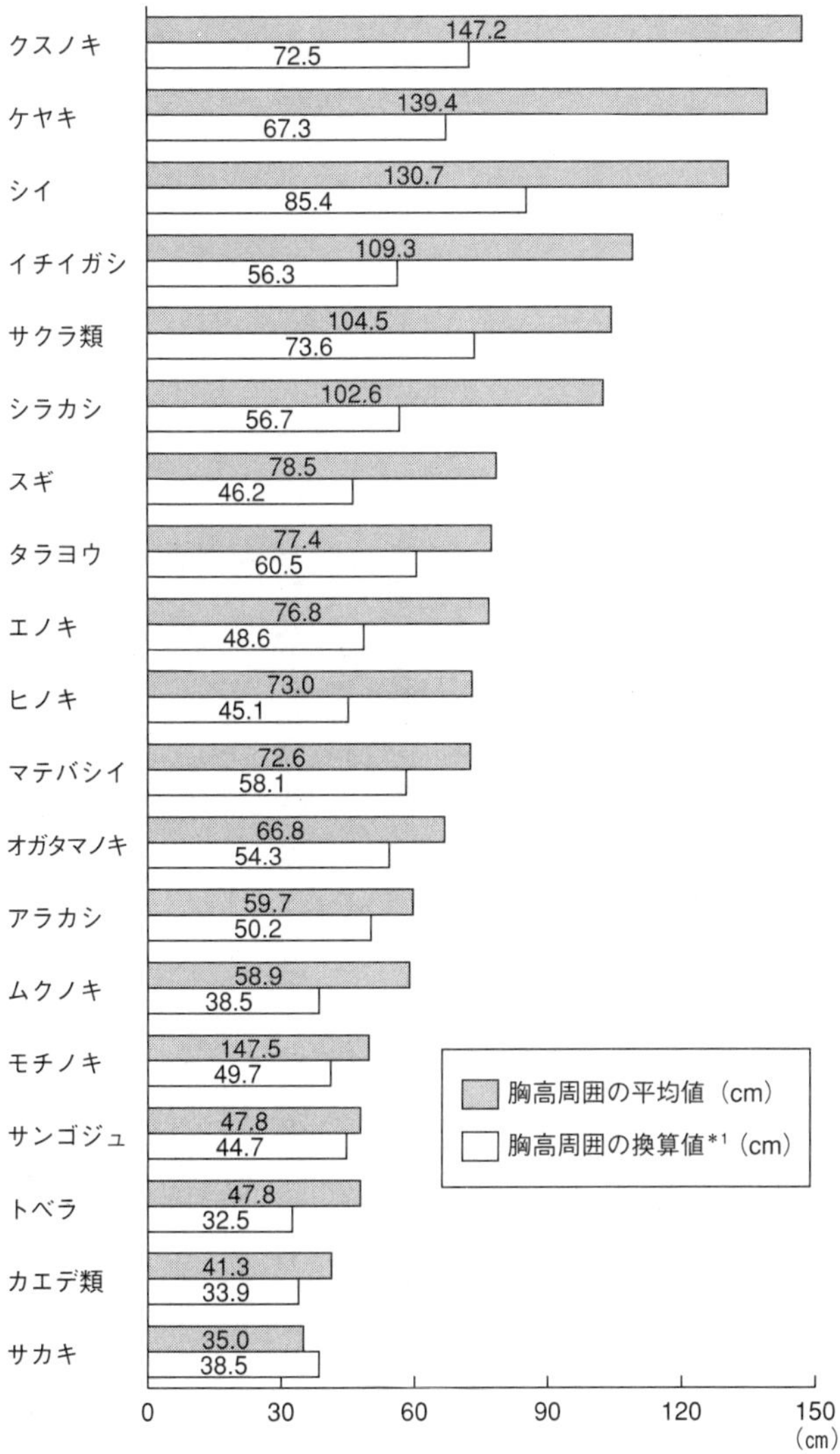

*1：樹高を10mとしたときの胸高周囲（平均値）の換算値。

図 1-11．高木層主要構成樹種の胸高周囲の平均値

長が少ないのは、「競争―密度効果」の影響が大きいと思われる。

ニレ科樹木の生長特性

ニレ科に属する三種類の落葉広葉樹の中で、ケヤキは樹高生長、肥大生長ともに大きくバランスのとれた生長を示しているが、ムクノキやエノキ、とりわけムクノキは胸高周囲の換算値がケヤキに比して五十七％程度となっており、樹高生長と肥大生長が著しくアンバランスな劣勢状態にあることがわかる。ケヤキとムクノキの生長特性にこれほど著しい違いが生じている原因は何なのか。次に考えられるいくつかの原因をあげてみた。

〈ケヤキとムクノキの生理的性質の違い〉

滋賀県内に生育している名木や大木を紹介した『滋賀の名木誌』（一九八七）から、胸高周囲が三メートルを越える大木個体数を拾い出してみると、ケヤキは二一四本を数えるが、ムクノキは十八本に過ぎない。このことからムクノキはケヤキより生理的に肥大生長が小さく、大木を形成しにくいといえる。ちなみにエノキも十四本と少ない。

〈「競争―密度効果」の影響〉

高密度で植えられた場合、広い面積を占有した個体（優勢木）はバランスのとれた生長を示すが、劣勢木では「競争―密度効果」によって肥大生長が押さえられ、細長い個体となる。植栽当初の段階で、ケヤキとムクノキの個体としての占有面積に差が生じていれば（植え方が異なれば）、こうした影響も考慮する必要がある。

〈ムクノキは植栽か自然生えか〉

ムクノキは献木・購入木の記録はないが、現在では高木層に一六八本の生育が記録されている。一方、ケヤキは一八五本の記録があるが、現存は五十五本と少ない。このことから、ムクノキがケヤキと含めて記録され、実際にはケヤキと同じく苗木として植栽されていたのではないかと推論した。その場合は生理的な生長特性の違いが主因と考えられる。一方、野鳥などによる自然移入と考えると、稚樹の段階から「競争―密度効果」がはたらく。優勢木が次第に上層をおおい、日照条件が悪くなっていく中で、光を求めて樹高生長は続けるが、肥大生長が伴わず現在のような細長い個体になったのではないかと考えられる。

（大谷）

⑶ 林苑樹木の天然更新の可能性

今回の調査では、高木層の毎木調査とともに高木層を含む各階層別の出現樹種の記録を並行して行った。それらの記録は毎木調査と同じ林苑のほぼ全域で行われたが、ここでは近江神宮の森を代表する表参道両側の林苑中央域における、各種の階層別の出現頻度をもとに、七つの種群に分類した。

次に各種群の特徴と天然更新の可能性について述べる。

〈A—1群〉

高木層および亜高木層以下の各層で個体の生育が見られ、天然更新が十分可能な樹種である。常緑広葉樹のアラカシ、シラカシ、シイ、サカキ、トベラ、マテバシイ、オガタマノキ、モチノキ、ヤブツバキ、ヤブニッケイ、サンゴジュと落葉広葉樹のイロハモミジ、イヌビワが含まれる。これらの中でヤブニッケイとイヌビワは献木・購入記録がなく、野鳥などによる自然移入が考えられる。また、マテバ

林苑に多いイヌビワ（自然移入）

県内では稀産のイチイガシの花（六月）

ケヤキの稚樹

シイ、サンゴジュは県内では自生しない樹種である。

〈A―2群〉

高木層を中心に低木層や草本層で個体の生育が見られ、条件が整えば天然更新が可能な樹種である。常緑広葉樹のクスノキ、タラヨウ、落葉広葉樹のケヤキ、エノキが含まれる。ケヤキやエノキは人為的干渉や上部の日照条件などが天然更新の大きなポイントとなる。

〈A―3群〉

主として高木層にのみ生育し、天然更新が困難な樹種である。常緑広葉樹のイチイガシ、落葉広葉樹のムクノキ、ヤマザクラ、針葉樹のスギ、ヒノキなどが含まれる。イチイガシは県内では大津市伊香立下在地町の八所神社、大津市千町の山の神、竜王町橋本の左右《さう》神社など数ケ所に単木状の生育が確認されているだけで天然更新による樹林の形成は見られない。近江神宮においても発芽してもその後の生育が困難なようである。ムクノキは既に述べたように献木・購入記録がなく、自然移入も考えられるが、当時の献木記録のケヤキへの誤記入の可能性も否定できない。

林苑に多いヤツデの花（十一月）

〈B—1群〉

主に亜高木層以下の各層で生育が認められ、天然更新が可能である。常緑広葉樹のヒサカキ、ネズミモチ、ウバメガシ、サザンカが含まれる。ウバメガシ、サザンカは県内では自生しない樹種である。

〈B—2群〉

主に低木層、草本層で生育し、天然更新が可能である。常緑広葉樹のアオキやナワシログミ、ヤツデと針葉樹のナギが含まれる。ナギは県内に自生しない種で、献木・購入記録にもないが、献木希望樹種の一つであり、その後に植栽された可能性が高い。ナワシログミやヤツデは自然移入と考えられる。アオキの繁殖力は著しい。

〈B—3群〉

主として低木層のみに生育し、条件が整えば天然更新が可能である。アセビとムラサキシキブ、ドウダンツツジが含まれる。これらの樹種は花や果実などの鑑賞樹であり、参道沿いなどで生育していることが多い。県内に自生しないドウダンツツジは天然更新が難しい。

伐採などにより、低木層以下が未発達な近江神宮の現在の林苑のようす

〈B—4群〉

主として草本層に生育しているが、人為的干渉を弱めるなどの条件によっては低木層などへの生長が可能である。常緑広葉樹のチャノキ、ナンテン、イヌツゲ、カナメモチ、ヒイラギナンテン、シロダモ、常緑つる植物のビナンカズラ、落葉広葉樹のイボタノキ、単子葉植物のシュロが含まれる。イヌツゲ、カナメモチは献木・購入樹種でヒイラギナンテンは外来樹種（植栽）であるが、その他は自然移入種と思われる。

〈その他〉

献木・購入された樹種ではモッコク、ヤマモモ、ユズリハ、ウメ、ツガ、クロガネモチの各種が、また献木が推定される樹種としてはギンモクセイ、キンモクセイ、ツツジ類、イヌマキの生育がそれぞれ確認された。ビワは近江神宮造営以前に栽培されていたものが残存木として生育している。注目種は高木層のみに見られるイヌシデとエドヒガンであるが、それらの来歴は不明である。

（大谷）

第二章

近江神宮の森の生きものたち

1．林苑のキノコ類

⑴ 豊富なキノコ相

近江神宮の境内一帯で一九七六年頃から採集された高等菌類は、未同定のものも多数あるが、現在までに一七四種にのぼる。近江神宮と同様に造られた森である明治神宮の創建五十年後のキノコ調査によると、一九七〇年から七一年に十回の調査により八十七種が採集されている。また、創建五十七年後の一九七七年には八十三種が明治神宮の境内で観察できたと川島清一氏が報告している。

近江神宮の森には明治神宮よりはるかに多くのキノコが生育している。これにはいろいろな原因が考えられるが、二十数年前からの長期にわたる採集データを集約したことによると思われる。また、近くに琵琶湖があり湿度が高いためかも知れない。北米においてもミシガン湖の周辺がキノコが多いことが知られている。内陸部の照葉樹林としてこの森は大変貴重で、三井寺の森とともに東アジアのキノコ相を研究するための重要なフィールドの一つであるといえる。

(2) 林内のキノコの特徴と注目すべきキノコ

近江神宮境内では六月下旬から七月の梅雨の時期に発生のピークが見られる。また、九月から十月にも小さなピークが見られる。次に、林内のキノコの特徴と注目すべきキノコについて紹介しよう。

①冬虫夏草類

近江神宮の境内には多くの種類の冬虫夏草が見られる。これは照葉樹林内に昆虫やクモが豊富なことの反映だろうと思われる。林内から採集された冬虫夏草類には以下のものがある。

クモタケ *Nomuraea atypicola*

梅雨の頃に参道の石垣の間に多数発生する。キシノウエトタテグモという地中性の雌のクモから発生する。若いクモからは発生

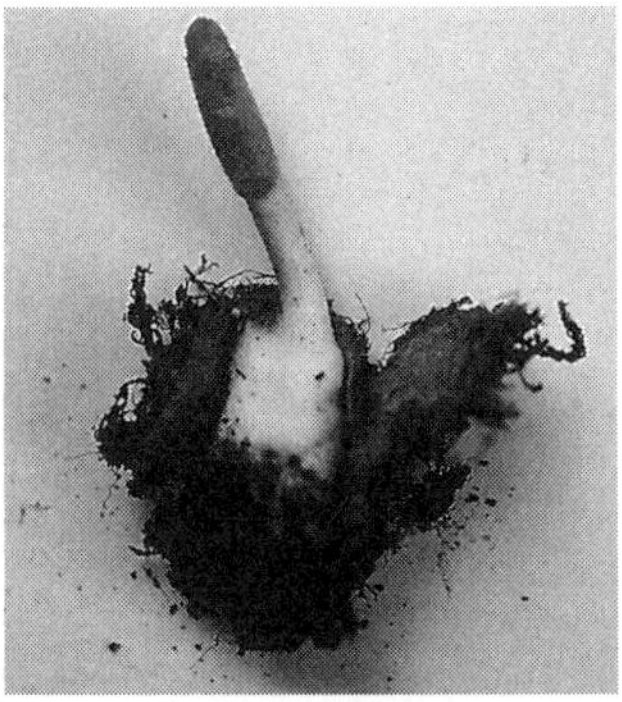

クモタケ

オサムシタケ

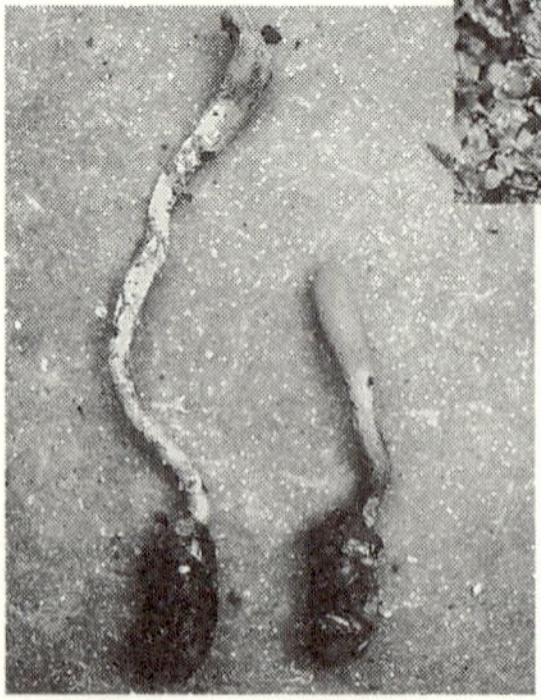
セミタケ

せず、老齢のクモからのみ発生する。

オサムシタケ　*Tilachlidiopsis nigra*

オサムシの成虫や幼虫から発生する。近江神宮のものはすべて宿主はマヤサンオサムシである。参道横の川沿いに石垣などから七〜八月に発生する。一九九一年に近江神宮境内でオサムシタケの生態を調査していた当時は、近江神宮は近畿地方では唯一の発生地であった。京都府南山城村は近江神宮のオサムシタケを移植し、接種したものである。

セミタケ　*Cordyceps sobolifera*

ニイニイゼミの幼虫から発生する。一九八二年七月十八日の採集会では一日に二十数個体採集された。近年は次第に減少しているように思う。

オオセミタケ　*Cordyceps heteropoda*

アブラゼミの幼虫から発生する。

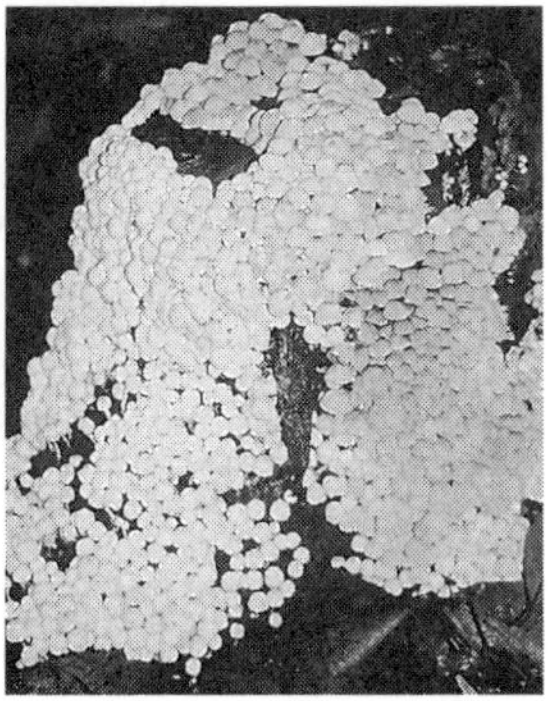
イヌセンボンタケ

コナサナギタケ　*Isaria farinosa*

コメツキムシ類などの昆虫から発生する。

②シイタケ　*Lentinula edodes*

三月から四月にかけて広葉樹の倒木に発生する。栽培品に比べ、近江神宮産は肉がうすい。

③マンネンタケ　*Ganoderma lucidum*

イチイガシの枯れた株から発生していた。

④マツ類と関係深いキノコ

一九八〇年代にはマツなどの針葉樹に発生するフサヒメホウキタケ（マツの腐朽材から発生）やマツカサキノコ（松かさから発生）が発生していたが、九〇年代に入るとマツと関係深いキノコは採集されていない。これは林内からマツがなくなったためと思われる。

⑤シイ・カシ類と関係深いキノコ

シイやアラカシ、ウラジロガシなど照葉樹に菌根を作ると考えられるイグチ類、ベニタケ類、テングタケ類が優占し、しかも、雨期（梅雨）の頃の高温多湿期に一斉に発生する。イグチ類としてはム

アラゲキクラゲ

ノウタケ

ラサキヤマドリタケ、キヒダタケ、アイゾメクロイグチ、オニイグチモドキなど、ベニタケ類としてはヒビワレシロハツ、カワリハツ、ニオイコベニタケ、ケショウハツ、アイタケなどが発生する。このようにイグチ類、ベニタケ類、テングタケ類の大型菌根菌が雨期に多数発生し、典型的な照葉樹林の菌類フロラが形成されたと考られる。また菌根菌以外の木材腐朽菌についてみても、ダイダイガサ、ワヒダタケなど熱帯性の菌が見られ、照葉樹林が熱帯要素の生物を多く含む森林であることを物語っている。

（横山／阪口）

2. 林苑の植物

(1) 蘚苔類《せんたい》（コケ植物）

コケ植物は一般になじみが薄い。しかし、砂漠地帯や海水中を除くと、どこにでも見かけられる身近な植物の一つである。芝居にたとえると立派な名脇役として、舞台を支えている。それは決して前に出ず、ひそかに、それでいてしっかり自己主張しているのである。私たちのまわりをちょっと気をつけて見てみると、身近に生育しているコケが意外と多い。鑑賞や装飾など、人とのかかわりにおいてその価値評価も高くなってきている。

コケの生育環境は湿気の多い、じめじめとした暗い所と思われがちであるが、実際には種類によってさまざまで、日当たりのよい、明るく乾燥ぎみの所に生育しているコケもある。神社や寺院では、

樹皮上に着生するコケ

樹木のすき間から差し込む陽と陰をぬって、樹皮上や石上などにたくさん見られる。

近江神宮の森は六十年という時間的経過とともに、シイ、カシ、クスノキ、サクラなどが高木層にまで達し、全体としてまとまった社叢林を形成するまでになった。しかし、林内はコケにとって好都合な環境とはいえないようで、蘚苔類相は貧弱であった。その理由としては、社叢林は鬱蒼《うっそう》として林内は薄暗く、入射光が不足していることや、乾燥化が進み、空中湿度が低い点などが考えられる。

林苑内で採集された蘚苔類は二十三科五十種（表2―1）で、その多くは照葉樹林帯でごく一般に見られる種ばかりで、特筆すべき種は含まれていなかった。わずかに、苔類のフタマタゴケやフルノコゴケ、トサカゴケの各仲間が目立つ程度であった。

環境問題が今、地球規模で深刻な状況になってきているが、コケは環境指標植物としての特性をもっているといわれ、その種類（生態）からまわりの環境を推し量ることができる。しかし、コケは死んでいても生きていても乾燥すれば縮れ、水分を補給すれば広がり、

表2-1．近江神宮林苑の蘚苔類（コケ植物）

科　名	種　名	科　名	種　名
アオキヌゴケ科	ナガヒツジゴケ	ジャゴケ科	ジャゴケ
	ハネヒツジゴケ	ヤスデゴケ科	ミドリヤスデゴケ
	キブリナギゴケ		カラヤスデゴケ
	コカヤゴケ		ヒメアカヤスデゴケ
ハリガネゴケ科	ホソウリゴケ	トサカゴケ科	ツクシウロコゴケ
	ハリガネゴケ		オオウロコゴケ
	ケヘチマゴケ		トサカゴケ
キンシゴケ科	キンシゴケ		ヒメトサカゴケ
ツヤゴケ科	ヒロツヤゴケ	クサリゴケ科	ヒメミノリゴケ
ハイゴケ科	クサゴケ		ヤマトヨウジョウゴケ
	ハイゴケ		ナガシタバヨウジョウゴケ
	アカイチイゴケ		
	キャラハゴケ		ヤマトコミミゴケ
トラノオゴケ科	ヒメコクサゴケ		コクサリゴケ
ウスグロゴケ科	オカムラゴケ		カマハコミミゴケ
シラガゴケ科	アラハシラガゴケ		フルノコゴケ
チョウチンゴケ科	コツボゴケ	フタマタゴケ科	ヤマトフタマタゴケ
	コバノチョウチンゴケ		コモチフタマタゴケ
スギゴケ科	ナミガタタチゴケ	クモノスゴケ科	クモノスゴケ
センボンゴケ科	ハマキゴケ	ミズゼニゴケ科	ムラサキミズゼニゴケ
ハシホソゴケ科	カガミゴケ	クラマゴケモドキ科	チヂミカヤゴケ
	コモチイトゴケ		オオクラマゴケモドキ
シノブゴケ科	ノミハニワゴケ	ケビラゴケ科	ヤマトケビラゴケ
	コメバキヌゴケ		クビレケビラゴケ
	アオシノブゴケ	ヒシャクゴケ科	チャボヒシャクゴケ
	アソシノブゴケ		
蘚　類　13科26種		苔　類　10科24種	

生きている時と同じ状態になるし、枯死してもすぐには変化しないため、その生死の判断は難しい。

　環境の変化を知るためには、少なくとも十年ぐらいは必要かと思われる。植生の環境変化は、大気汚染や日照や湿度など複合的な要因から起こるものである。コケ植物がその変化に対応する指標植物の一つであるとするなら、今後も長期の観察を通して、十年後、二十年後の近江神宮域のコケを調査し、その変化を見ていきたいと思う。

（小坂）

(2) シダ植物

シダ植物は一般に薄暗く、じめじめとした環境を好むが、種類によって生育に適した場所は異なる。近江神宮林苑は鬱蒼《うっそう》と茂る常緑広葉樹などでおおわれ、シダ植物の生育には比較的適した場所となっている。

林苑内で生育が確認できたシダ植物は十六科四十三種（表2―2）であった。そのほとんどは人里近くに見られるもので、なかには昔から私たちの生活に深いかかわりを持っているものもある。次に、おもなシダ植物を紹介しよう。

①フユノハナワラビ〔ハナヤスリ科〕

秋から春に見られる多年生のシダ植物。地下茎から一本の短い柄を出し、地面付近で栄養葉と胞子葉に分かれる。東北地方以南の暖地に見られ、山麓や原野の向陽地に多い。林苑内でもやや明るいと

表2-2. 近江神宮林苑のシダ植物

科　名 種　名	場所	頻度	科　名 種　名	場所	頻度
ヒカゲノカズラ科			**シシガシラ科**		
ヒカゲノカズラ	E	Ⅱ	シシガシラ	EF	Ⅰ
トウゲシバ	F	Ⅱ	**オシダ科**		
トクサ科			オオカナワラビ	F	Ⅲ
スギナ	W	Ⅰ	リョウメンシダ	F	Ⅱ
ハナヤスリ科			ヤブソテツ	F	Ⅱ
オオハナワラビ	F	Ⅲ	ベニシダ	FW	Ⅰ
フユノハナワラビ	F	Ⅲ	トウゴクシダ	F	Ⅲ
キジノオシダ科			オクマワラビ	F	Ⅱ
キジノオシダ	F	Ⅱ	ヤマイタチシダ	F	Ⅲ
ウラジロ科			ナライシダ	E	Ⅱ
ウラジロ	E	Ⅲ	アイアスカイノデ	E	Ⅳ
フサシダ科			イノデ	FE	Ⅰ
カニクサ	E	Ⅱ	サカゲイノデ	E	Ⅲ
コバノイシカグマ科			**ヒメシダ科**		
イヌシダ	F	Ⅲ	ホシダ	E	Ⅲ
イワヒメワラビ	E	Ⅱ	ゲジゲジシダ	E	Ⅲ
フモトシダ	E	Ⅲ	ミゾシダ	E	Ⅰ
ワラビ	E	Ⅱ	ハシゴシダ	F	Ⅲ
ホングウシダ科			コハシゴシダ	F	Ⅲ
ホラシノブ	E	Ⅱ	ヤワラシダ	F	Ⅲ
ミズワラビ科			ヒメワラビ	F	Ⅲ
イワガネソウ	F	Ⅲ	**メシダ科**		
イノモトソウ科			イヌワラビ	F	Ⅲ
オオバノイノモトソウ	F	Ⅲ	タニイヌワラビ	F	Ⅲ
イノモトソウ	E	Ⅱ	ヤマイヌワラビ	F	Ⅲ
チャセンシダ科			シケシダ	E	Ⅱ
トラノオシダ	E	Ⅱ	**ウラボシ科**		
チャセンシダ	E	Ⅲ	ノキシノブ	T	Ⅰ
			マメヅタ	T	Ⅲ

凡　例
生育場所　F：林内　E：林縁　T：樹上　W：道端　V：谷間
生育頻度　Ⅰ：ごく普通（ほぼ全域にわたって生育しているもの）
Ⅱ：普通（意識して探さなくても生育を確認できるもの）
Ⅲ：まれ（個体数が少ないか、限られた場所に生育しているもの）
Ⅳ：ごくまれ（2～3の個体数の生育しか確認できないもの）

ノキシノブ

ころに生育している。

②ノキシノブ〔ウラボシ科〕

樹の幹や石垣などに着生するシダ植物。軒下などにもよく見られることから、身近な植物の一つである。着生シダは樹の幹や枝に根を張りつかせて、樹皮や空気中の水分を利用する植物なので、空中湿度が低いところでは生育できない。林苑内ではアラカシやイチイガシなどの大木の樹幹に多く着生している。

③ベニシダ〔オシダ科〕

山地から市街地まで広く分布する常緑性のシダ植物。春先の葉の若いものは胞子のう群が鮮やかな紅色を帯びる。これは胞子のう群をおおう包膜の色である。林苑内の各所で生育している。

④イワヒメワラビ〔コバノイシカグマ科〕

日当たりのよい湿ったところに群生する夏緑性のシダ植物。根茎は長くはい、淡褐色の毛が目立つが、鱗片はつけない。葉は全体に白い軟毛でおおわれている。林縁や斜面などに多い。

イノデ

⑤ホラシノブ〔ホングウシダ科〕
岩や崖などに群生し、日当たりや乾燥にも強い常緑性のシダ植物。葉は黄緑色であるが、木々がすっかり冬枯れした時期に紅葉する数少ないシダの一つである。葉は草木染の材料としても使われている。林苑内では日当たりのよい斜面に群生している。

⑥イノモトソウ〔イノモトソウ科〕
石垣のすき間や路傍などに見られる常緑性シダ植物。栄養葉と胞子葉がある。本種は山林中に生育することはほとんどなく、人間の生活によって攪乱《かくらん》の進んだ環境でふつうに見られる。人里植物（雑草）の一種で、和名も井戸の周辺に生えることを意味している。

⑦イノデ〔オシダ科〕
早春の山野などで、いち早く芽立ちしてくるシダがイノデである。和名は芽立ちの形がイノシシ（猪）の手に似ていることに由来する。展開した葉には強い光沢があり、十数枚がジョウゴの形になって出る。湿度の高いやや暗い林内でよく見かける。

（蓮沼）

ワサビ

表 2-3. 近江神宮の種子植物の科数および種数

分類群				科数	*種数
種子植物	裸子植物			4	8
	被子植物	双子葉類	離弁花類	46	148
			合弁花類	21	69
		単子葉類		11	47
合計				82	272

*：亜種、変種、品種などを含む

(3) 種子植物（草本類）

花を咲かせ、のちに種子を作ってなかまをふやす植物を種子植物という。近江神宮林苑で生育が確認できた種子植物は自生種、植栽種（献木および購入木）、外来種など含めて合計八十二科二七二種であった（表2—3）。ここでは、林苑で見られるおもな種子植物（被子植物）の草本類について紹介しよう。

①タデのなかま

十一種類が確認できた。アカマンマとも呼ばれるイヌタデやミゾソバ、イタドリ、エゾノギシギシなどが普通に見られるほか、ミズヒキやハナタデも比較的多い。また、最近生じた伐採跡地にはオオイヌタデが生育している。

②ワサビ

アブラナ科の多年草で、根茎は香辛料として利用される。旧柳川の谷間で数株の生育が確認できた近江神宮稀産種である。ワサビは清流を指標する植物であり、かつての柳川の面影をわずかにとどめ

ゲンノショウコ（フウロソウ）

ヤマネコノメソウ

ている残存植物と思われる。

③ヤマネコノメソウ

ユキノシタ科の多年草で、旧柳川の谷間など湿った所に生育している。全体に長い毛が散生し、花のあと汚れた紫色の珠芽（ムカゴ）をつくるのが特徴である。花茎には一～二枚の茎葉を輪生し、先端に花弁のない緑色の花を開く。

④ゲンノショウコ

フウロソウ科の多年草で、林縁や道端などに生育している。夏～秋に紅紫色～白色のきれいな花を咲かせる。昔から薬草として知られ、下痢止めなどの薬効がある。和名の「現証拠」は薬効が速やかに現れることからついた名である。

⑤スミレのなかま

いずれも多年草で七種類が確認できた。道端ではタチツボスミレやツボスミレ（ニョイスミレ）、スミレなどが、林縁や林内ではフモトスミレやシハイスミレ、アオイスミレなどが生育している。

ヒヨドリジョウゴ

コナスビ

ツリガネニンジン

⑥コナスビ

サクラソウ科の小さな多年草で、道端などに普通に生える。茎には軟毛があり、地上をはう。葉は対生し、葉のわきに黄色のかわいい花が一個ずつ咲く。和名の「小茄子」は小さく果実がナスに似ていることによる。

⑦ヒヨドリジョウゴ

ナス科のつる性の多年草で、林縁などに生育する。茎や葉には軟毛が密生する。花のつく枝は葉と対生の位置に出て、二又状に枝分かれして白花をつける。果実は球形で赤色に熟し、有毒であるが、ヒヨドリは好んで食べる。

⑧ツリガネニンジン

キキョウ科の多年草。葉の多くは輪生し、夏から秋にかけて枝先に円錐花序をつくり、鐘状の青紫～白色の花が下向きに咲く。若芽

ヤブラン

チゴユリ

はトトキとも呼ばれ食用になる。また、根は肥厚して白く、去痰薬《きょたんやく》となる。

⑨チゴユリ

ユリ科の多年草で、春、茎の先に一～二個の白色の花が垂れて咲く。小さくかわいらしいその姿から「稚児百合」の名がついた。花が終わると球形の黒い果実ができる。山地性の植物で近江神宮では稀産種である。

⑩ヤブラン

ユリ科の多年草で、大きな株になる。株の中から多数の花茎が立ち、淡紫色の小さな花が数個ずつ集まってつく。果実は種子が露出し、球形で紫黒色に熟する。ヤブランのなかまは子房の壁がすぐに破れてしまうので、胚珠が外にとび出す。

⑪ヒガンバナ

ヒガンバナ科の多年草で、人里に近い道端などに群生するが、近江神宮周辺では少ない。秋の彼岸の頃、地下の鱗茎から花茎を出し、頂に赤色の花を五～十個輪状につける。花後、線形の葉がのび、冬

ウラシマソウ

ヒガンバナ

を越して翌年の夏に枯れる。鱗茎にはアルカロイドが含まれ有毒であるが、すりつぶしたものを流水でさらして残ったデンプンを集めて食用にしたといわれ、飢饉《ききん》の際の救荒作物であった。

⑫ウラシマソウ

サトイモ科の多年草で、茎の先に奇怪な形をした仏炎苞がつく。暗紫色で先端は細くとがり、やや下を向いている。仏炎苞の中には一本の花軸があり、基部に多数の花が集まっている。和名は、花軸の先が糸状に長くのびて垂れ下がった形を「釣り糸を垂れた浦島太郎」に見立ててつけられた。林苑にわずかに見られる。

（田中／森／渡部）

トピックス③

柳川の「志賀のり」

近江神宮神域を流れる柳川の上流域（水車谷）ではかつて「志賀のり」が生じ、古くから地元の人たちによって採食されていた。しかし、それも大正のはじめ頃までで、その後はあまり採集されなかった。形はホオズキ（球形袋）状をなし、下面の一部で岩石に付着するが、崩れやすくにおいは特になかったようである。単品では味もそっけもなくて二杯酢で食べたとは古老の話である。

県下では坂本の大宮川、彦根の権現川、醒井の丹生川などにも生じるが、柳川が特に多く発生していたとの古い記録がある。なお、名称は「滋賀のり」と記載されていることもある。

柳川では河川の汚れもあって、地元では長い間忘れられていたが、「一九八三年（昭和五十八）八月に球形袋状のものが花崗岩に付着いているのを見つけた」との情報が写真とともに寄せられた。確かにそれらしいものが写っているが、現地での確認はできなかった。

（小山）

志賀のり（1983.8.16撮影）

3．林苑および周辺の動物

(1) 陸貝類（マイマイのなかま）

近江神宮の林苑で三回にわたって陸貝調査を実施した。その結果、オカチョウジガイ、ヒラベッコウガイ、ニッポンマイマイ、ケハダビロウドマイマイ、クチマガリマイマイ、オオケマイマイ、オトメマイマイ、クチベニマイマイの八種が確認できた。

今回もっとも大きな収穫があったのは柳川沿いの林縁部の調査だった。エノキ、ムクノキ、ヤマザクラなどは落葉しているが、ホシダ、イノモトソウ、ヤブソテツ、オクマワラビなどのシダ植物が目立つところで、落葉の深く重なる石垣のすき間下部に、クチマガリマイマイが採集された。筆者にとって十数年前に京都で一頭だけ採集して以来のことで、次々と採集され計十三頭に上った。その他オオケマイマイ九十三頭、ニッポンマイマイ三十五頭をはじめ、オトメマイマイ、クチベニマイマイ、ヒラベッコウマイマイ、ケハダビロウドマイマイなどの採集もできた。十《メートル》×五《メートル》の範囲内での種類と個体数の多さは目覚ましい成果である。近江神宮の森は造られた森であるが、この林縁部は陸貝にとって好ましい自然環境となっているのだろう。

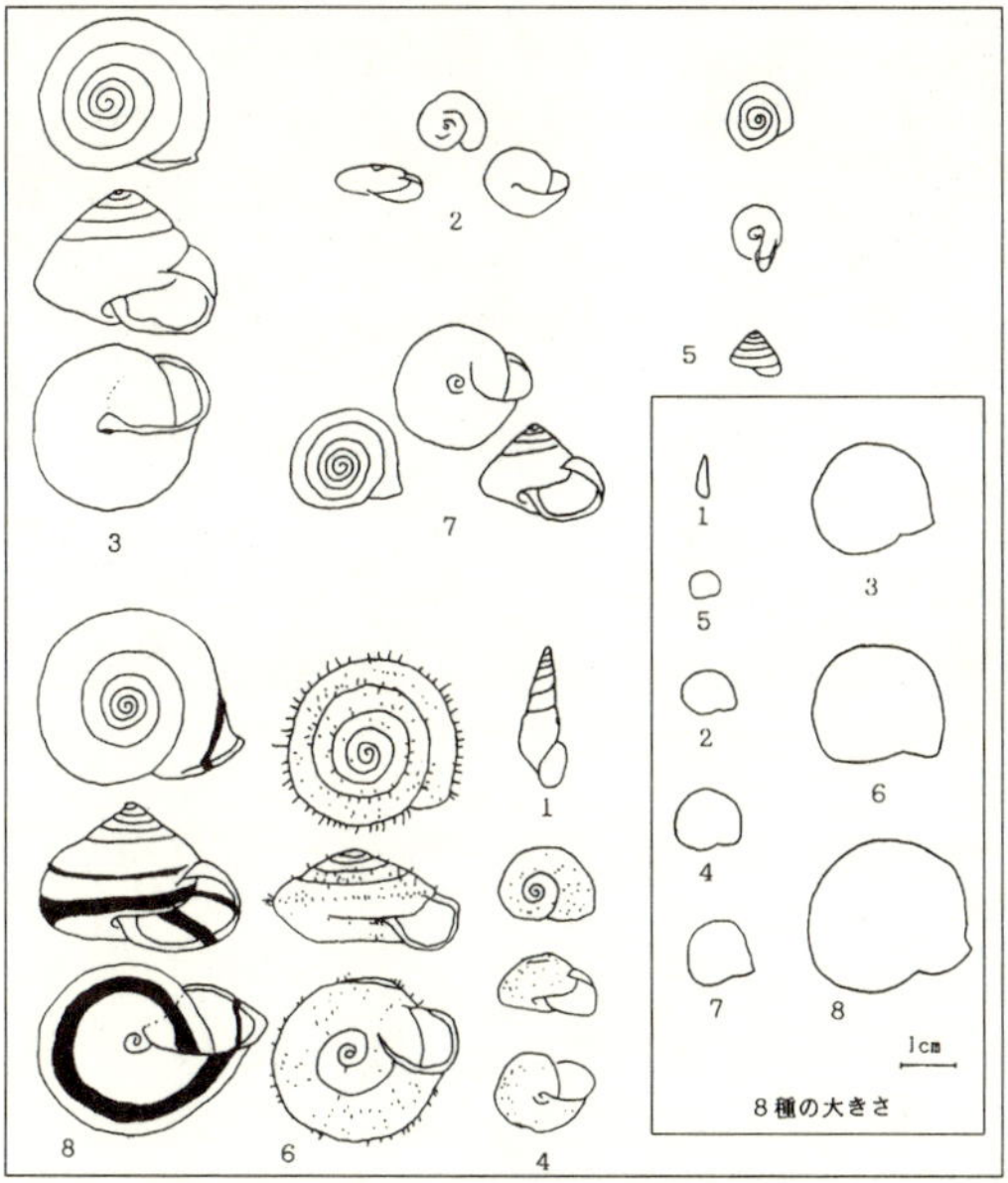

図 2-1. 近江神宮の陸貝類（原図　富長）
1. オカチョウジガイ　2. ヒラベッコウガイ　3. ニッポンマイマイ
4. ケハダビロウドマイマイ　5. クチマガリマイマイ
6. オオケマイマイ　7. オトメマイマイ　8. クチベニマイマイ

ところで、マイマイの殻には赤茶色の色帯《しきたい》模様がある。それは種類によって異なるが、同じ種であっても一定していない。近江神宮の林苑で広く出現しているクチベニマイマイについて見ると、林内では色帯が三本（県内で最も多い基本型）であるが、林縁部では二本の個体も出現し

縄張りを構えるヒロバネヒナバッタ（雄）

トベラで吸蜜するアオスジアゲハ

ている。一方、駐車場上のサンゴジュ植栽地では色帯のない個体（無帯型）が出現している。一般に色帯があって色が濃いものは山地性、無帯型は平地性といわれるが、同じ林苑内でさまざまな色帯変化が見られることは興味深いことである。

（富長）

(2) 昆虫類

近江神宮の社叢林は東側は市街地に接し、西は宇佐山から比叡山地の森林に続いているため、平地の種類と山地森林性の種類とが共に多く見られ、昆虫類の多様性は高い。

神域に生息するオナガアゲハ、アオバセセリ、ミドリリンガ、ヒメホソアシナガバチ、オオゴキブリなどは森林性昆虫の代表であり、神域が比較的優れた森林であることを示している。このほかにもウラクロシジミ、ヒメキマダラセセリ、ビロードハマキ、オオセンチコガネ、オオマルハナバチ、ヒロバネヒナバッタなどの山地性種をあげることができる。

五月上旬頃には、植込みのヒラドツツジにクロアゲハ、オナガア

シイの樹洞に営巣するニホンミツバチ

サカキの花を訪れたキンモンガ

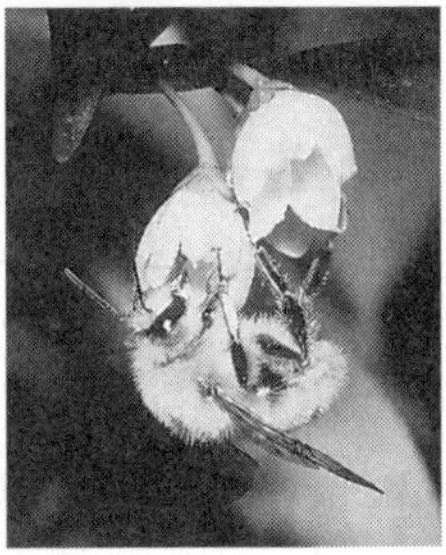

サカキで吸蜜するコマルハナバチ（雄）

ミミズの屍につくヤマトオサムシ

ゲハなどが吸蜜に訪れている。中・下旬には勧学館前のトベラの花でせわしく吸蜜する多数のアオスジアゲハやコマルハナバチとともに、アオバセセリなどの山地性種を目にすることがある。

六月になると駐車場近くのサンゴジュの花にクマバチ、ニホンミツバチ、セイヨウミツバチ、オオハキリバチなどのたくさんのハチ類が、またサカキの花には昼行性の蛾・キンモンガや全身黄色のコマルハナバチの雄が訪れる。

この頃から夏にかけて、夕方や曇の時にはヒグラシの合唱が神域をおおい、涼を誘う。

飛べない昆虫・オサムシ類は近江神宮林から隣の宇佐八幡宮の森で、ヤコン、オオ、ヤマト、マヤサン、クロナガの五種と、クロナガとオオクロナガの雑種が一種得られている。

ギシギシの葉にとまるベニシジミ

これらの他にもナミアゲハ、ベニシジミ、シオカラトンボ、アブラゼミ、エンマコオロギ、マダラスズなど平地に普通な昆虫が見られる。（南）

(3) 鳥類

近江神宮林苑にはムクノキやエノキをはじめ、実をつける樹木が多く生育しているので野鳥たちの楽園となっている。

冬季の調査では三目十二科（一亜科を含む）十六種が確認された。約二時間の観察時間内に確認できた個体総数は九十二個体でヒヨドリ（三二・六％）が群を抜いて多かったほか、キジバト、ホオジロ、スズメ、シジュウカラなどの観察頻度が高かった。

また、初夏の調査では四目十四科（一亜科を含む）十六種が確認された。観察個体総数は一〇九個体でムクドリ（一九・三％）のほか、ヒヨドリ、ハシブトガラス、メジロ、セグロセキレイなどの観

電線で羽を休めるツバメ

表 2-4. 近江神宮林苑で観察された鳥類

目	科	種　名	観察*
スズメ	ムクドリ	ムクドリ	S
	ヒヨドリ	ヒヨドリ	WS
	ホオジロ	ホオジロ	WS
	シジュウカラ	シジュウカラ	WS
	ツバメ	ツバメ	S
	ハタオリドリ	スズメ	WS
	アトリ	カワラヒワ	WS
		イカル	WS
	カラス	ハシブトガラス	WS
		ハシボソガラス	W
	ヒタキ	ウグイス	WS
		ジョウビタキ	W
	メジロ	メジロ	WS
	セキレイ	セグロセキレイ	WS
		キセキレイ	WS
	モズ	モズ	W
ハト	ハト	キジバト	WS
ワシタカ	ワシタカ	トビ	WS
キツツキ	キツツキ	コゲラ	S

*：W（冬季調査）、S（初夏調査）

察頻度が高かった。

ほぼ周年観察されるのはヒヨドリ、ホオジロ、スズメ、キジバト、シジュウカラで、調査地には周年生息していた。また、同一個体が調査地で営巣、繁殖していることも確認された。しかし、同じシジュウカラ科のコガラ、ヒガラは調査地での営巣、繁殖は確認されておらず、調査地周辺で採食することが影響していると思う。また、カラス類については季節的な確認で、生息、営巣はされず、ねぐらとしての飛来確認である。

（片山）

ニホンザル

(4) ほ乳類

近江神宮神域とその周辺で生息が確認できたほ乳類はニホンザル、イノシシ、ホンドキツネ、タヌキ、ニホンリスの五種類であるが、その他、モグラ類、ノウサギ、ネズミ類、テン、イタチ、コウモリ類も聞き込みなどから生息情報が得られている。

比叡山ドライブウェイができた頃から、野生のサルを見かけるようになった。京都大学の研究者が亡くなられた後、餌づけされていた一群が宇佐山を中心に住みつき、近江神宮の森も重要な餌場となっている。付近の民家にも出没して野菜や果物に被害を与えるため年間を通して野猿対策に余念がない。木の実が豊富になる秋には、近江神宮の森を中心に活動している。

親子連れのイノシシが山から毎夜下りてくる。はじめのうちは日が暮れてから夜明けまでだったが、慣れてくると夕方には山を下り、陽が昇る頃まで餌をあさっている。落ち葉を掘り起こしてミミズをとるほか、春にはタケノコ、秋にはドングリ、特にシイやイチイガ

ホンドキツネ

シの実を好んで食べている。餌が不足するとサルと同じように、付近の田畑を荒らしている。たわわに実った稲穂など、しごくように上手に食べているのにはこちらが感心してしまう。ときどき捕獲されているが、すぐ別のイノシシが侵入してくるようである。

近江神宮の森で最初に見たケモノがキツネだった。子育てまでしていたが、野犬が多くなった一時期、追われるように森から姿を消していった。しかし、その後再びよく見かけられるようになり、子連れの姿も見るようになった。タヌキも宇佐山麓、とりわけ宇佐八幡宮周辺で多くの巣穴を見ることがあったが、野犬によって徹底的に駆逐された。最近また、近江神宮社務所裏まで姿を現わすようになった。

（小山）

トピックス④

モリアオガエル

森林にすみ樹上生活をするモリアオガエルは、夜行性のため人にはあまり気づかれないが、市街地でも山に接するところでは意外に身近に生息している。

近江神宮もそんな場所のひとつで、勧学館の西側の裏山に接する小さな池では、五月中旬から六月に、池の上に張り出すモミジなどの枝にモリアオガエルの白っぽい卵塊がいくつもぶら下がる。

モリアオガエルの繁殖期は低地では五・六月で、昼間には姿は見せないものの、夕刻からゲゲゲッまたはゴゴゴッと聞こえるやや濁った低音で鳴き、夜には一匹の大きな雌に数匹の小さな雄が抱きついて樹上で産卵行動をする。卵塊の中には多数の卵があり、ふ化したオタマジャクシは真下の水面に次々と落ち、水中生活を始める。（南）

▲モミジの枝に産まれた卵塊

▶昼間、竹の幹で休むモリアオガエル（雌）

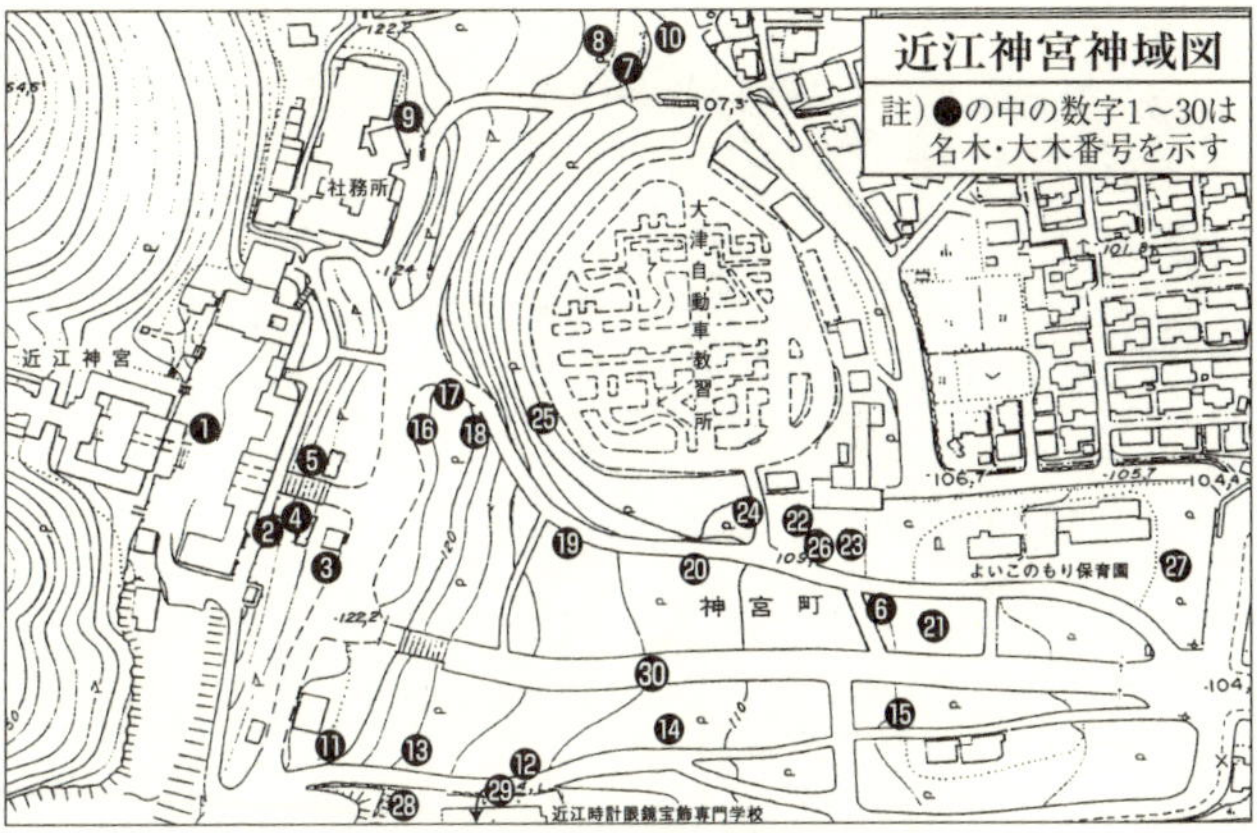

図 2-2. 近江神宮の名木・大木の位置図

4. 林苑のツリーウォッチング

(1) 近江神宮の「名木・大木」探検

近江神宮の森は、一九三八年（昭和十三年）から二年五ヶ月をかけて造営された人工の森である。六十年経った今、森は立派に成長し、名木といえる木々も数多く見られるようになった。

私たち自然調査グループでは一九九六年から二年かけて、林苑の樹高八メートル以上の高木二五〇〇本近くの毎木調査を実施し、近江神宮の「名木・大木」として三十件を選定した。選定基準は①その種の中で大木である、②県内の稀産種である、③神宮内の稀産種である、④その他（樹形が優れている、由緒がある等）などで、これらの名木・大木は、人工林であり

ムベの実

ながら自然の森林生態系に近い状態にまで成長した神宮の森を象徴する存在と位置づけられる。

次に選定された名木・大木を、それらの位置図（図2―2）とともに紹介する。なお、種名の上の①～㉚の数字は地図中の番号を示し、Cは胸高周囲、Lは樹高を表している。

①ムベ［アケビ科］

郁子（ムベ）は常緑性のつる植物で、果実は近江神宮の祭神・天智天皇に献上されたゆかりの植物である。同じ仲間にアケビとミツバアケビがあるが、それらは落葉性である。三種ともに果実は暗紫色に熟し食用になるが、ムベの果実は開かない。また、いずれの種も掌状複葉で、アケビの小葉は五枚、ミツバアケビは三枚であるが、ムベは五～七枚と多い。

②ナナミノキ［モチノキ科］C：100cm L：15m

近江神宮稀産種。常緑高木で、六月ごろ葉腋《ようえき》（茎から葉柄の出る部分）に多数の小さな花を咲かせ、秋に直径六ミリぐらいの赤い実をつける。

モチノキの花

イチイガシの花

③モチノキ［モチノキ科］C：106cm L：15m
近江神宮に生育する本種中、最も幹が太い。雌雄異株の常緑高木で直径一センチの赤い実をたくさんつけ、野鳥が好んで食する。

④カツラ［カツラ科］C：98cm L：18m
近江神宮稀産種。雌雄異株の落葉高木で、渓流沿いなど湿った所に見られる。春の新緑、秋の黄葉ともに美しい。なお、多賀町向之倉のカツラは県内有数の巨樹として知られる。

⑤ヤマモモ［ヤマモモ科］C：130cm L：16m
近江神宮に生育する本種中、最も幹が太い。雌雄異株の常緑高木で、直径一～二センチの果実は赤く熟し、甘酸っぱく、食べられる。

⑥イチイガシ［ブナ科］C：175cm L：22m
滋賀県内では稀産種である。近江神宮に生育する本種中、最も幹が太い。常緑高木で、葉の裏などに星状毛が密生し、黄褐色をしている点で他のカシ類と容易に区別できる。

⑦ウバメガシ［ブナ科］C：81cm L：15m
海岸沿いの山地などに多い常緑亜高木である。普通は樹高十メートル止

満開のエドヒガン

まりであるが、近江神宮では高木が十五本ほど見られる。丈夫なので生け垣や街路樹によく利用され、また、材が硬く、火力が強い良質の木炭が生産される。

⑧エドヒガン［バラ科］C：100cm L：18m

近江神宮には多くのサクラ類が見られるが、本種は稀産種である。山地に見られる落葉高木で、四月上旬、葉より早く花を咲かせる。葉は他のサクラ類よりやや細い卵形をしている。長寿のサクラはほとんど本種で、各地に名木が残っている。また、シダレザクラは本種の一品種で、ソメイヨシノは本種とオオシマザクラの交配によって作られたといわれる。

⑨モミ［マツ科］C：137cm L：12m

本種は近江神宮では七本程度献木され、植栽されたが、唯一の残存木である。常緑針葉高木で日本特産種である。モミ林は県内では比叡山釈迦堂付近で多く見られる。材が柔らかくて加工しやすく、腐りやすいので、土葬の棺などに用いられる。

ユズリハ

⑩ユズリハ［トウダイグサ科］C：81cm L：12m

低～高木の常緑広葉樹であるが、近江神宮では高木はこの木のみである。古い葉は若葉が伸びた後で落葉するので「譲る葉」という意味で、このことから、子が成長した後に親が子に譲ることにたとえて、縁起の良い木といわれ、葉を正月のしめ飾りに用いる。

⑪シイ［ブナ科］C：350cm L：20m

ツブラジイとその変種であるスダジイを区別せずシイとした。この木は近江神宮の中で最も太い木である。アク抜きせずに食べられるシイの実はかつてよく食用にされた。今津町弘川、阿志都弥神社行過天満宮のスダジイ（胸高周囲六五〇センチ）が県内最大のシイである。

⑫ビワ［バラ科］C：36cm L：10m

この木は近江神宮造営前に当地で栽培されていたもので、唯一の残存木であり、歴史の生き証人である。しばしば庭などに栽培される常緑亜高木で、果実を食用にする。

⑬ムクノキ［ニレ科］C：167cm L：20m

落葉高木で、平地の鎮守の森などに多い。果実は黒く熟し、甘み

トベラの実

があって食用になる。また、葉はざらつくので、昔、磨き材料に使ったといわれる。

⑭トベラ［トベラ科］C：58cm L：12m

暖地の海岸に多い常緑低木であるが、近江神宮では高木が多く生育している。防風、砂防林としての利用のほか、生け垣、道路や公園の植え込みによく利用される。節分の日、玄関先に枝をさし、疫鬼をさけるので、トビラノキという地方もある。

⑮ネズ［ヒノキ科］C：78cm L：10m

近江神宮造営前に当地で生育していた木の残存木と思われる。高木ではこの木が唯一である。常緑針葉低木で、日当りの良い丘陵地や花崗岩地帯のやせ地に生育する。ネズミの道に枝を置くととがった葉がネズミを刺すのでネズミサシともいう。

⑯エドヒガン［バラ科］C：188cm L：15m

⑧のエドヒガンとともに稀産種で、駐車場に面した所にあり、薄墨色の花は美しい。

林苑で現存木が少ないツガ

オガタマノキの花

近江神宮最大のシラカシ

⑰オガタマノキ［モクレン科］C：124cm L：18m

常緑高木で、「招霊の木」としてこの木を備えて神霊を招く儀式に用いられるので、神社にはよく植えられる。近江神宮にも多い。三〜四月頃、芳香ある白い花が咲く。

⑱ツガ［マツ科］C：152cm L：24m

本種は一〇〇本以上が献木され、植栽されているが、七本程度しか残っていない。その中でこの木は最も太い。常緑針葉高木で、モミと同じような所に生育し、しばしば混生するので、区別はまぎらわしい。樹皮からタンニンを取り、魚網の染料として利用された。

⑲シラカシ［ブナ科］C：250cm L：26m

近江神宮にはシラカシが多いが、この木はその中で最も太い。常緑高木で、生け垣、防風林や社寺林などに利用する。樹皮は黒っぽいが、材はアカガシに対して白っぽいのでシラカシという。材は昔、ヤリの柄にしたが、現在はいろいろな道具の柄に利用する。

⑳ナギ［マキ科］C：57cm L：19m

暖かい山地に自生し、社寺や庭などにもよく植えられる。県内では自生しない。雌雄異株の常緑高木で、葉は単子葉類のように平行脈であるのが特徴である。寿命は長く、千年以上生きることもある。名前はミズアオイ科のコナギの葉に似ていることからつけられたといわれる。この木は近江神宮の本種の中で、最も太く、高い木である。

㉑イヌシデ［カバノキ科］C：101cm L：21m

山地で普通に見られる種であるが、近江神宮では稀産種である。落葉高木で四～五月頃、穂状の雄花を葉腋から下垂する。同じ仲間にクマシデ、アカシデなどがある。

㉒アオツヅラフジ［ツヅラフジ科］C：17cm L：10m

落葉性のつる植物で、林縁や道端に普通に見られる。自然に生えたものが大きくなったと考えられるが、これほど太い幹は、自然ではめったに見られない。葉を見なければ、フジと間違えるほどの太

タラヨウの実

さである。

㉓エノキ［ニレ科］C：195cm L：25m

山野に普通な落葉高木で、社寺の境内などでもよく見られる。赤褐色の丸い果実は食べられ、小鳥も好んで食べ、糞とともに種子を落とす。同じ仲間のエゾエノキは果実は黒く熟し、細かな鋸歯《きょし》が葉の下部まであるが、エノキは葉の上部に粗い鋸歯が少数あることで区別できる。近江神宮にある本種の中で、この木は最も幹が太く、高い木である。

㉔クスノキ［クスノキ科］C：268cm L：25m

常緑高木で暖地の山中に自生するが、公園や社寺の境内などに植えられ、大木が多い。大木ではスギ、ケヤキについで多い種である。本州では滋賀県が植栽の北限とされ、南にいくほど大木が多くなる。鹿児島県蒲生町のクスノキが全国一の巨木である。葉や枝から樟脳《しょうのう》を作る。

㉕タラヨウ［モチノキ科］C：107cm L：13m

暖地に生える常緑広葉樹で、革質の光沢のある葉は長さ十二〜十七センチにもなり、裏を傷つけると黒ずむので、文字が書ける。樹皮からトリモチをとったり、葉を茶の代用品として用いた。

㉖マテバシイ［ブナ科］ C：141cm L：15m

暖地に生える常緑高木で、九州には自生する。しばしば公園などに植えられ、街路樹としても使われる。長さ九～二十六センチにもなる光沢のある厚い葉と、大きいドングリが特徴である。

㉗ケヤキ［ニレ科］ C：218cm L：20m

山野に普通な落葉高木で、社寺の境内でもよく見られる。材は古くから建築、家具、船舶材などに重用されてきた。また、街路樹としても用いられている。幹は直立し、ホウキ状の樹形が独特で、遠くからでも見分けられる。近江神宮造営時には、サクラやモミジとともに多く植栽された。

㉘サンゴジュ［スイカズラ科］ C：75cm L：10m

海岸沿いの暖かい山地に自生する常緑高木で、大気汚染に強く、耐火性にも優れているので、生け垣、公園などによく植えられる。実がサンゴ状につくので、サンゴジュと名づけられたという。

表参道の桜並木（陽光桜など）

開葉した後に花が咲くヤマザクラ

㉙ヤマザクラ［バラ科］C：205cm L：17m

山地に広く自生する落葉高木で、庭や街路樹に植えられているソメイヨシノとよく似ているが、ソメイヨシノは葉柄や葉の裏面の脈上、花柄などに毛があり、開葉する前に花が咲くのに対し、ヤマザクラは全体的に無毛であること、また開葉した後に花が咲くことなどで区別できる。古来、比叡の山裾は全国有数の山桜の名所として知られ、中世には「志賀の花園」が歌枕になっていた。奈良県の「吉野山の桜」も本種である。

㉚参道のサクラ並木［バラ科］

近江神宮の紋章は「桜にさざなみ紋」である。これにちなんで、境内各所でサクラの木が植栽されているが、とりわけ、表参道沿いのカンヒザクラ系の桜並木はソメイヨシノとはまた異なる趣があって美しい。資料によれば、愛媛県の高岡正明がアマギヨシノ（オオシマザクラとエドヒガンの雑種）とカンヒザクラを交配して作ったヨウコウ（陽光）という品種で、一九八五年（昭和六十）三月十八日に植樹されたという。

環境庁は一九八八年（昭和六十三）、第四回自然環境保全基礎調査として巨木の全国調査を実施した。地上一三〇センチでの幹の胸高周囲が三〇〇センチ以上という定義の下、調査された巨木は全国で五万五七九八本、滋賀県では六六九本であった。また、樹種はスギ、ケヤキ、シイなど四十二種を数えた。近江神宮にはそういった意味での巨木はほとんどない。しかし、巨木の対象にはならない樹種の中で、その樹木の最高、最太に近い樹木はいくつか存在する。例えば、モチノキやアオツヅラフジ、サンゴジュ、ネズ、トベラ、ウバメガシなどで、これらの樹種はほとんど調査されていない。特に印象的なのはアオツヅラフジの幹の太さで、野山では人の手が入り、太くはなれないが、近江神宮では伐採から免れたため、フジにも匹敵するほど太い幹のアオツヅラフジが保存されているのである。

もとより大木だけが大切なのではない。人工林でありながら自然の森林生態系に近づきつつある「近江神宮の森全体」を大切に保護しなければならない。

（西久保）

(2) 樹皮による樹木の見分け方

近江神宮が造営されて六十年近い歳月が経ち、植えられた当時は小さかった樹木も、現在では高さ二十メートルを越える大木に成長している。このような大木は葉を幹の上方につけており、地上からでは葉を観察することは難しいし、冬季には落葉する樹木もある。そんな時、樹木名を知る一助となるのが、樹皮模様の特徴である。ここでは、近江神宮林苑に生育するおもな樹木の樹皮の特徴や幹の状態、樹形などを紹介しよう。

①アラカシ［ブナ科］

常緑樹。樹皮は灰黒色でゴツゴツしており、ところどころコブのようなものができているものもある。また、根元から幹が二本、三本と分かれていて、直立しているものは少ない。

②シラカシ［ブナ科］

常緑樹。樹皮は少し緑がかった白っぽい灰色で、ゴツゴツした感じはなく、割と平滑である。コケがついているものもある。幹はまっすぐ直立しており、根元で分かれていることはない。

③イチイガシ［ブナ科］

常緑樹。県内では稀産種であるが、近江神宮では比較的多く見られる。樹皮はやや緑色を帯びた灰色で、大小ふぞろいに薄くはがれやすく、写真のような模様ができている。この剥離《はくり》模様がイチイガシの最大の特徴である。幹はまっすぐに直立している。

④シイ（スダジイ、ツブラジイ）［ブナ科］

常緑樹。樹皮は灰色で、どちらかといえばツブラジイは平滑な感じで、スダジイは縦に深い裂け目ができていて表面がコルク質になっているものが多い。幹はずんぐりしており、樹高の割に太いという印象を与えている。

⑤マテバシイ［ブナ科］

常緑樹。樹皮は灰黒色で縦に浅い筋が入っていて、あまりゴツゴツしていない。大きい木は少なく、直径三十センチくらいのものが多い。

⑥ケヤキ［ニレ科］

落葉樹。樹皮は薄茶がかった灰白色で、平滑である。大木になると樹皮はところどころ薄くはがれ落ちる。幹はまっすぐ直立して天に向かって伸び、ホウキ状に広がった樹形が特徴である。

⑦ムクノキ［ニレ科］

落葉樹。樹皮は灰色で、若い木は縦に白い筋が何本も入る。この白い筋によりムクノキの若木は容易に見分けることができる。しか

し、樹齢を重ねるつれて白い筋は薄くなり、見分けることが難しくなる。なかには、幹の上方にのみ白い筋が残っているものもある。木肌は平滑である。

⑧エノキ［ニレ科］

落葉樹。樹皮は灰色で平滑である。幹は直立しているものが多い。ケヤキやムクノキより樹皮の特徴は少なく、見分けるのが難しい。

⑨クスノキ［クスノキ科］

常緑樹。高木になり、幹も太くなる。樹皮は茶色で、深い裂け目が多数入っている。幹は途中で二つに分かれることは少ない。

⑩オガタマノキ［モクレン科］

常緑樹。樹皮は灰黒色で小さなぶつぶつにおおわれている。幹は直立しているものが多い。オガタマとは招霊のことで、神社によく植えられている。

⑪ヤマザクラ［バラ科］

落葉樹。近江神宮林苑のサクラのほとんどはヤマザクラである。樹皮は紫褐色で光沢があり、平滑、横向

きに長い裂け目がある。横向きに裂け目があるのは、近江神宮の樹木ではヤマザクラだけである。

⑫イロハモミジ［カエデ科］

落葉樹。近江神宮林苑のカエデ類のほとんどはイロハモミジである。樹皮は黄色を帯びた灰白色で、縦に裂け目がある。近江神宮で一番樹皮が白っぽいのは、このイロハモミジである。

⑬スギ［スギ科］

常緑樹。近江神宮造営のとき多数植栽されたが、その多くは枯死し、残っている木も成長は一般によくない。樹皮は茶色で薄くはがれる。幹はすべて天に向かって真っすぐに伸びている。

⑭ヒノキ［ヒノキ科］

常緑樹。近江神宮林苑ではスギと同様、多くは枯れてしまい、残っているものも成長はよくない。樹皮は茶色で薄くはがれ、スギよりも平滑であり、きめが細かい。スギよりも少しこぶりであるのは、成長速度の違いであろう。日本を代表する材木になる。

⑮ナギ［マキ科］

常緑樹。裸子植物で卵形の平行脈をもつ葉はナギの特徴であるが、樹皮にも目立った特徴がある。樹皮は紫褐色で鱗状にはがれ、その跡は紅黄色を呈し、平滑である。

（和田）

(3) どんぐりウォッチング

ドングリ学事始め

秋になると、神宮の森にはたくさんのドングリが落ちる。その実だけを見て、どの種類の木から落下してきたのかを判定するとなるとなかなか難しく、「う～む」と考えさせられることがある。同種と思われるものでも、太く堂々と実が熟したものと、発育途中で枝から離れなければならなかったものとでは、形も大きさも随分と違う。

山野の草木は、成熟した果実（種子）を自然に落下させるものが多いが、ブナ科に属するブナ、シイ、カシ、ナラなども堅果（ドングリ）をつけて自然に落下する。これらの樹木は雌雄同株で、雄花は房状に垂れ下がり、その外観は形状と色から虫がぶらさがっているように見える。新芽の先の葉のつけ根についている黄色がかった小さな花が雌花で、注意して見ないと判らないくらい小さい。ドングリの仲間の結実は、春、花が咲いてその年の秋に成熟するものと、年を越して二年目の秋に成熟するものの二通りある。

表2-5．近江神宮の森のドングリ

		常緑樹					落葉樹	
		スダジイ型		コナラ型				クヌギ型
結実までの年数	1年生 (直径) (長さ)			アラカシ  12mm 18mm	シラカシ  10mm 15mm	イチイガシ  12mm 20mm	コナラ  10mm 20mm	
	2年生 (直径) (長さ)	スダジイ  8mm 20mm	ツブラジイ  8mm 12mm	マテバシイ  15mm 30mm	ウバメガシ  12mm 15mm			アベマキ  22mm 28mm

ドングリと動物

大量に生産されたドングリ類は、動物の食糧となる。ネズミ、リス、シカ、イノシシ、カラス、カケスなどがドングリを食べる。なかには冬の間の食糧にするため、巣穴に蓄えたり、土に埋めたりする動物がいるが、食べ忘れや残ったものは、春になって芽を出し、ドングリの苗木となる。「カラスのいけ栗」といわれるが、カラスのはたらきでとんでもない所で栗の木が生えることがある。また、カケスは北陸の一部の地方では「カシドリ」と呼ばれるが、この鳥のようにドングリを土中に浅く埋めて、後で掘り出して食べるという鳥もいる。

近江神宮のドングリ

近江神宮には、日本で一般的なドングリの仲間二十一種類のうち、九種類のドングリが見られる。初秋の九月、マテバシイから始まって晩秋の十一月、アラカシまでかなりの期間にわたってドングリが見られる。アラカシ、シラカシ、イチイガシ、シイについては、それぞれ樹木数が多いので、木によってドングリの容姿が異なるものがあり、とても興味深い。

近江神宮の森で見られるドングリを常緑・落葉の別、結実年数などを基に分類すると、表2―5のようになる。次に、それぞれのドングリの特徴について、高木の樹木本数の多い順に見ていこう。

①アラカシ

高木の樹木本数が三八四本と最も多く、落ちているドングリの約半数はアラカシの堅果といっても過言ではないだろう。神宮の清掃奉仕の人たちが熊手でかき集めているドングリのほとんどがアラカシのドングリであった。ドングリの特徴は、直径十～十五ミリ、長さ十五～二十ミリの球形または楕円形で、表面には縦縞が目立つ。花柱は三つに分かれ、それを中心にして直径三～五ミリの濃色の部分が見られる。殻斗はやや浅い椀状で、六～八層の環状鱗片におおわれ、灰白色の微毛を密生する。

②シラカシ

三六四本の高木が生育しており、神宮の高木ではアラカシに次

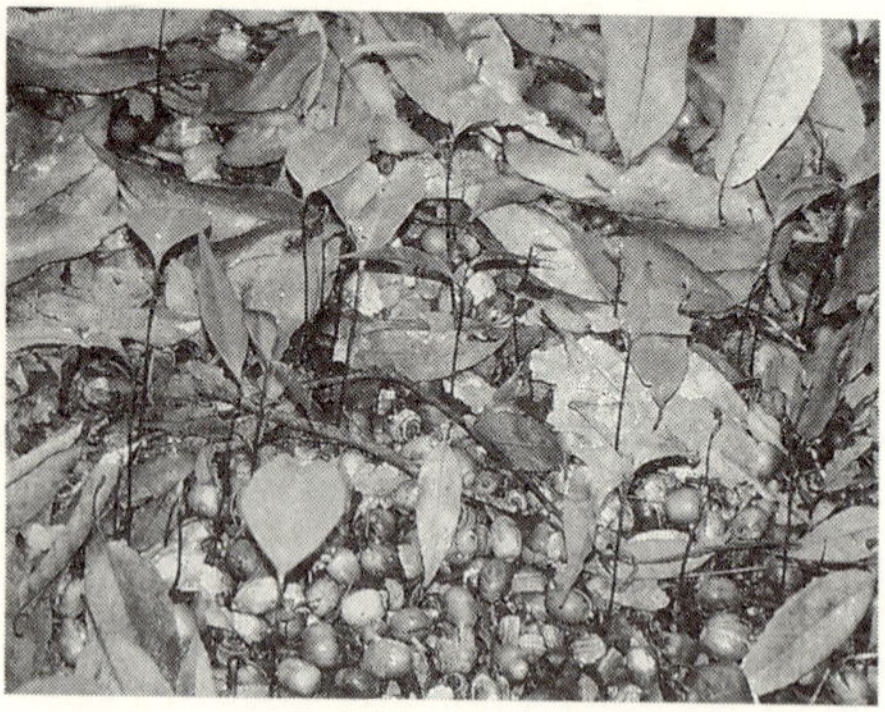

シラカシの堅果と稚樹

いで多い。ドングリはアラカシよりわずかに小粒である。直径十ミリ前後、長さ十五～二十ミリの卵状楕円形である。花柱は三つに分かれ、それを中心に直径三～五ミリのわずかに白色の部分が見られる。殻斗は椀状で、五～八層の環状鱗片におおわれ、淡灰褐色の微毛を密生する。アラカシのドングリとよく似ているが、頂点の部分がアラカシと比べて白いこと、やや小粒であること、殻斗の色が褐色がかることでおおよその区別はできるが、同定は難しい。

③シイ（ツブラジイ、スダジイ）

樹皮にほとんど裂け目がないものがツブラジイで、実が小さいことからコジイともいわれる。スダジイの実は直径十ミリ前後、長さ十五～二十ミリで尻の白い部分が多い。殻斗はシイの実をすっぽりと包む。神宮の森には、小粒で丸いコジイの実よりも、やや長めのスダジイの実が多い。なかには長さ二十ミリ近い大粒のものも見られる。

④イチイガシ

神宮の森には八十二本の高木が生育しているが、県内でこれほど多く見られる所は他にない。堅果はその年の秋に成熟する。ドングリは、神宮の森にあっても他のカシ類とは区別できる。褐色の中にわずかに淡い縞があり、頂点には放射状に短毛が密生している。殻斗はやや浅く、鱗片は環状に合着して六〜七層となり、淡黄褐色のフェルト状の毛を密生する。堅果の形には変異が多く、神宮の森でも長楕円形のもの、円形のもの、その中間形のものなどさまざまである。イチイガシの実は食用となり、古代の遺跡などからも発見されている。

⑤マテバシイ

神宮の森には六十四本の高木が生育している。名の由来は本来はマテジイで、シイに比べてはるかに大きな堅果をマテガイの貝殻に見立てた名前であろうといわれる。その堅果は長楕円形で翌年の秋に熟す。殻斗は皿形で、多くの屋根瓦状鱗片におおわれる。ドングリの中でも大型で食用になり、縄文時代の遺跡から発見されている。動物もこのドングリを貯蔵して食糧にするという。熟して落下したマテバシイの実を乾かすと、中身が蒸したような状態になり、食用にも発芽にも不適になる。貯蔵をどのようにするのかが一つの大きな課題である。

⑥ウバメガシ

高木としては十五本が生育しているだけであるが、亜高木以下も含めればもっと多い。材は炭材として重宝される。備長炭というのはウバメガシの白炭で、本場の和歌山県には特殊製炭技術が発達している。堅果は翌年の秋に成熟する。楕円形または倒卵状楕円形で、両端ともとがり、淡褐色である。殻斗は他の常緑カシとは違い、小鱗片でできていて、浅くて小さい椀形である。

⑦アベマキ

神宮の森には高木は数本程度しかない。樹幹のコルク質が厚いのが特徴である。堅果は翌年の秋に成熟する。一般にドングリというと、アベマキやクヌギの堅果がその代表である。直径二十～三十ミリと大きく、まん丸のドングリで、里山に多くあるので、子どもたちが拾ってコマ遊びをするのに適している。

ムクノキの実

オガタマノキの実

⑧コナラ

神宮の森には高木は一本しか記録されていない。落葉樹。堅果はその年の秋に熟し、長楕円形で褐色に色づき、頂端付近に微毛がある。殻斗は小さく、浅く、外側に小さい屋根瓦状鱗片を密生する。

木の実ウォッチング

近江神宮の森のドングリを紹介したが、「実のなる樹木」は他にも多くある。なかでもムクノキ、エノキ、クスノキ、イヌビワ、ネズミモチ、タラヨウ、ヤブニッケイ、サクラ類は小鳥の餌となる木の実をつける。珍しいものとしてはオガタマノキやナギの果実などがある。このように、近江神宮の森はドングリはいうまでもなく、いろいろな木の実を観察するのに最適の場となっている。（中村）

トピックス⑤

美しい竹「金明孟宗」

近江神宮の境内地に金明孟宗と呼ばれる珍しい竹が発見されたのは、たまたま地元錦織町自治会が地域の歴史や自然をまとめるため、周辺地域の調査にとりかかっていた時で一九八七年（昭和六十二）のことだった。近江神宮造営に伴って買収された竹藪から隣接するヒノキ林に進入したモウソウチクの中からこのような美しい竹が発生していたのである。最初は病害による変異と思っていたが、その後も観察を続けていく中で金明孟宗とわかった。

キンメイモウソウはモウソウチクの変わりだねで、稈と地下茎がともに黄金色の地に緑色の大小さざまな縦縞模様がある。各節によって模様の幅や位置、縞の数も異なっておりそれだけに一本一本、模様が違っているので美しい。福岡県や高知県では天然記念物に指定されているものもある。なお、同じような突然変異の現象はマダケやハチクなどにも生じ、金明竹、黄金竹や黒竹などが知られている。

最近、この竹藪への進入とタケノコの盗掘を防ぐ手だてがなされたので、タケノコの内に消滅してしまう危険はひとまず回避されたが、抜本的な保護策を講じる必要がある。（小山）

ヒノキ林内に生えるキンメイモウソウ

第三章　滋賀の鎮守の森をたずねて

1. 滋賀県の鎮守の森

(1) 滋賀県における神社の分布

表3-1. 市町村別郡別神社数

郡	市町村	神社数
伊香郡	余呉町	29（社）
	西浅井町	18
	木之本町	27
	高月町	28
	浅井町	56
		158
坂田郡	伊吹町	19
	山東町	43
	近江町	15
	米原町	18
		95
東浅井郡	湖北町	39
	虎姫町	12
	びわ町	27
		78
長浜市		71
彦根市		61
高島郡	マキノ町	14
	今津町	24
	新旭町	13
	安曇川町	32
	朽木村	19
	高島町	17
		119
滋賀郡志賀町		12
犬上郡	豊郷町	7
	甲良町	9
	多賀町	28
		44
大津市		90
愛知郡	秦荘町	12
	愛知川町	10
	湖東町	12
	愛東町	12
		46
神崎郡	能登川町	23
	五個荘町	19
	永源寺町	19
		61
近江八幡市		47
八日市市		37
蒲生郡	安土町	11
	竜王町	12
	蒲生町	25
	日野町	39
		87
甲賀郡	石部町	3
	甲西町	15
	水口町	33
	甲南町	21
	甲賀町	9
	土山町	15
	信楽町	32
		128
野洲郡	中主町	13
	野洲町	15
		28
栗太郡栗東町		22
守山市		31
草津市		31
合計		1,246

この表は国土地理院発行1/50,000地形図より拾い出した神社数を整理したものである
「鎮守の森保存修景のための基礎調査（1982）」より

滋賀県の鎮守の森については、鎮守の森の保存修景研究会によって詳細な調査が行われている。ここではその報告書（同会編　一九八二）を基に、滋賀県の神社の分布とその特徴などについて、概説する。

神社の分布と数

滋賀県内に分布する神社の

湖北地方に多い延喜式内社（木之本町・意冨布良神社）

数は、国土地理院発行の五万分の一地形図より拾い出した結果では一二四六社が記録された。しかし、小規模な神社は記載されていないため、実際にはこれよりさらに多い数になる。市町村別の分布状況を見ると、湖北地方における分布密度が高いが（表3―1）、これは次に述べる式内社の分布状況にもあてはまる。

式内社の分布

平安時代の文献『延喜式』に記載された古い歴史を有する神社を「式内社」というが、近江からは一四三社一五五座が記載されている。この数は大和、伊勢、出雲に次いで全国第四位であるという。近江は近畿でも古い歴史をもつ国の一つであったことがわかる。郡別では湖北の伊香郡や浅井郡、湖西の高島郡、湖東の蒲生郡などに多く分布している（図3―1）。

神社の規模や旧社格

国土地理院発行の地形図から拾い出した一二四六社のうち、規模や旧社格が判明した約七八〇社についてその傾向が調べられた（図3―2、3―3）。敷地面積では一㌶未満が八割近く、旧社格では

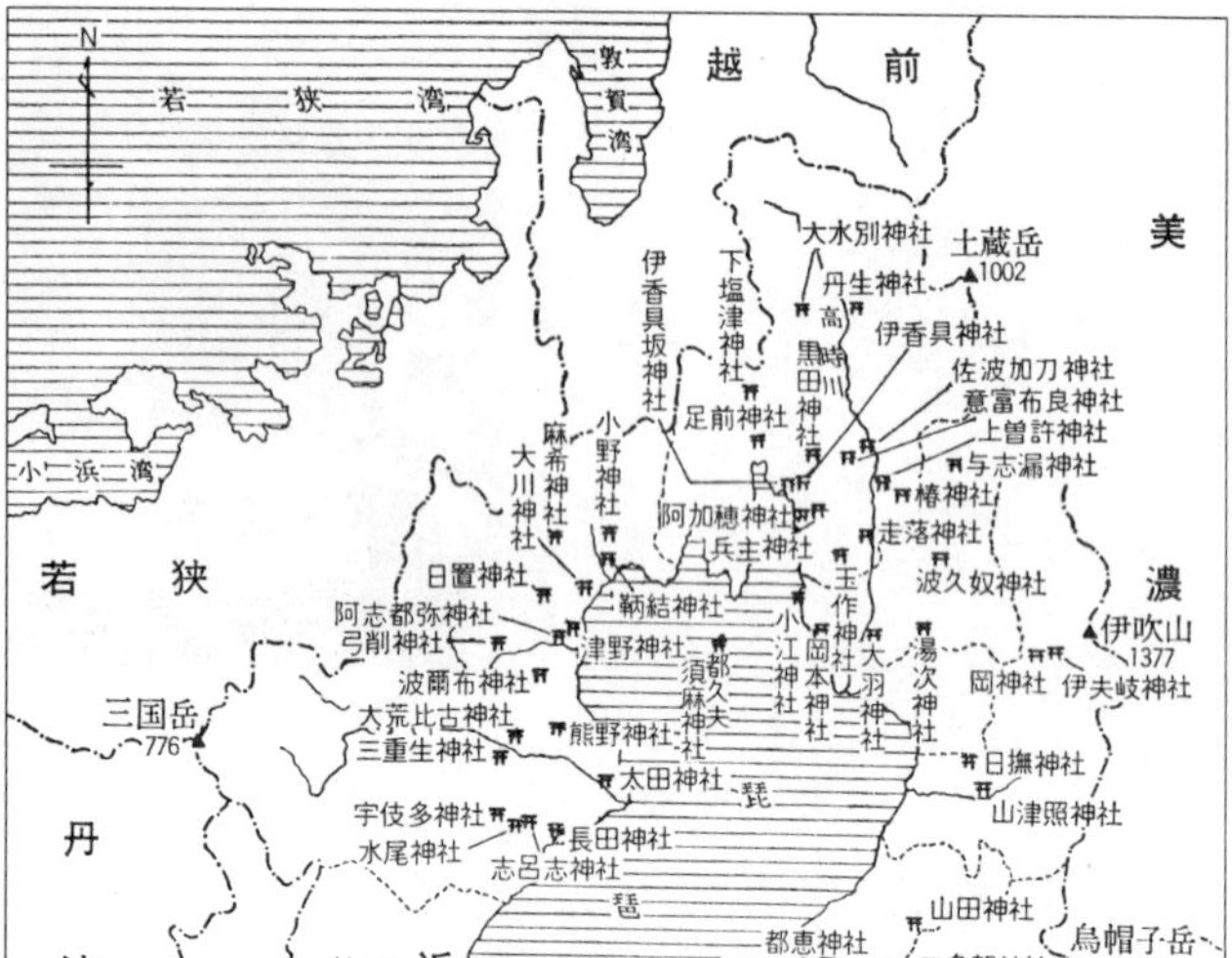

図 3-1．式内社の分布（「滋賀県の歴史」原田敏丸・渡辺守順、山川出版社）

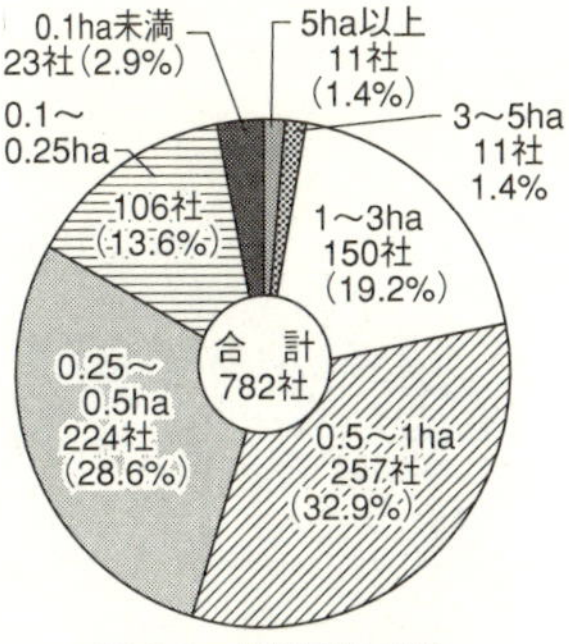

図 3-2．規模別神社数

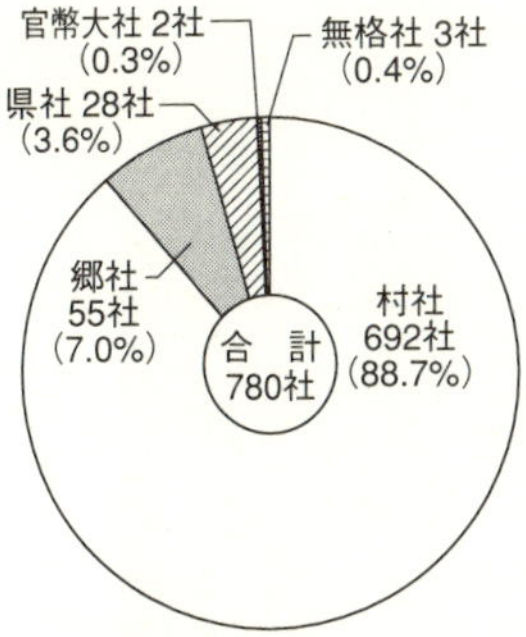

図 3-3．旧社格別神社数

村社が九割近くを占め、多くの神社が小規模な「村の鎮守様」であることがわかる。こうした神社の規模の大小にかかわらず、氏神や産土《うぶすな》神をまつる森として鎮守の森はどの神社にも存在し、氏子たちによって守られてきたのである。

（大谷）

(2) 鎮守の森の植生概要

県下の鎮守の森は琵琶湖周辺の沖積平野や丘陵地の山麓に散在し、その植生はシイやカシ類、タブノキなどが優占する常緑広葉樹林（照葉樹林）を主体としている。これら照葉樹林は暖温帯に分布の中心があり、植物社会学的には代表的な照葉樹ヤブツバキの名をとってヤブツバキクラスと呼ばれる。

この地域はとりわけ開発の歴史が古く、自然植生の大部分が今日までに姿を消してしまった。かつて一帯は照葉樹の極相林でおおわれていたと考えられるが、度重なる伐採によって現在では大部分がスギ、ヒノキの植林やアカマツ、コナラなどの二次林、田畑、住宅地などに置き換えられてしまったのである。

三上山麓のシイ林

こうした中で、鎮守の森は信仰的な立場から保護されてきており、極相林の名残を今にとどめている。県下の鎮守の森には、それぞれの生育環境のちがいによって、いろいろなタイプの林が見られる。

シイ林

県内におけるシイ林は、平野部から丘陵地にかけての鎮守の森や山麓部などに残存しているが、いずれも人口集中域やその周辺にあたるため、人為的攪乱《かくらん》を受けているものが多い。

シイにはコジイ（ツブラジイ）とスダジイがあり、いずれも照葉樹林を代表する樹種である。コジイはスダジイに比べて樹皮が老年まで平滑で、あまり縦に裂けず、果実は球形、種子は小型で丸いことなどが区別点とされているが、県内には中間形もあり、明瞭な区別がつきにくい場合もある。シイは五月頃、黒々とした樹冠に褐色の新芽が吹き、やがてこんもりとした樹冠全体が黄色に輝く花で彩られる。

表 3-2．おもな鎮守の森の森林タイプ

シイ林	御霊神社、新茂智神社、毛知比神社、還来神社（以上大津市）、小野神社、樹下神社（以上志賀町）、白鬚神社（高島町）、大荒比古神社（新旭町）、榛神社（安曇川町）、海津天神社（マキノ町）、軽野神社（秦荘町）、押立神社（湖東町）、円山神社（近江八幡市）、杉之木神社（竜王町）、御上神社（野洲町）、小津神社（守山市）、大宝神社（栗東町）、印岐志呂神社（草津市）
タブ林	八所神社（志賀町）、須賀神社（西浅井町）、宇賀神社（湖北町）、都久夫須麻神社（びわ町）、荒神山神社（彦根市）
カシ林	伊香具神社（シラカシ、木之本町）、丹生神社（ウラジロガシ、余呉町）、青木神社（アラカシ、近江町）、甲良神社（ウラジロガシ、甲良町）、羽田神社、八坂神社（ツクバネガシ、以上八日市市）、長寸神社（ツクバネガシ・アラカシ、日野町）
クスノキ林	羽田神社（八日市市）、兵主神社（中主町）、下新川神社（守山市）、立木神社（草津市）
モミ林	日吉神社、還来神社（以上大津市）
ケヤキ林	意波閉神社（余呉町）、玉作神社（木之本町）、和泉神社（湖北町）、波久奴神社（浅井町）、田村神社（長浜市）、河桁御河辺神社、飯開神社、日吉神社（以上八日市市）
マツ林	日吉大社（大津市）、北野神社、熊岡神社（以上長浜市）
スギ・ヒノキ林	御霊神社、日吉大社（以上大津市）、大荒比古神社（新旭町）、意冨布良神社（木之本町）、多賀大社（多賀町）、阿自岐神社（豊郷町）、押立神社（湖東町）大城神社（五個荘町）、大皇器地祖神社（永源寺町）、河桁御河辺神社、若松天神社（以上八日市市）、奥石神社、沙沙貴神社（以上安土町）、馬見岡綿向神社（日野町）、田村神社（土山町）、油日神社（甲賀町）、日吉神社（水口町）、御上神社（野洲町）、兵主神社（中主町）、印岐志呂神社（草津市）

志賀町・八所神社のタブノキ林

タブノキ林

県下のタブノキ林は、湖北町や西浅井町など琵琶湖の北湖周辺に点在する鎮守の森や、犬上川河口などの河岸に多く見られる。また、竹生島には比較的よく発達した自然林が残されている。一般にタブノキは土壌の深い、比較的湿性な立地を好む。本来、タブノキ林は海岸地域に発達するものであり、本県においても海岸的環境条件をもつ湖岸に集中しているが、まれに日野町など内陸部にも分布している。

カシ林

シイ林を伐採してスギやヒノキが植栽されたものの、十分な手入れがなされなかったり、土壌の発達の悪いやや乾燥した立地には、アラカシなど陽性のカシ類を中心とした林が成立していることが多い。県内ではアラカシのほか、ツクバネガシ、シラカシ、ウラジロガシなどの樹林が見られる。分布は湖東の平野部や湖北の山麓などに多い。

湖東地方の代表的な鎮守の森／ケヤキ林
（八日市市・剣宮神社）

クスノキ林

クスノキはシイやカシなどとともに暖温帯林を代表する樹種である。高さ二十㍍にもなる常緑高木で、太い枝を四方に広げ、鬱《うっ》蒼《そう》とした樹冠をつくる。生長がはやい上に、丈夫で公害に強く、長命なので神社にはよく植えられる。その多くが御神木として大切にされており、大木が多い。分布は関東以西、済州島、台湾、中国南部、インドシナ半島におよび、かつては九州や台湾を中心に広く植林されたので、自生の範囲は明確ではない。県内には自生種はなく、すべて植栽されたもので、森林形態をなしている所は少ない。

ケヤキ林

ケヤキ林は、平地の鎮守の森や河川の堤防、山地の谷筋の斜面などに多く分布している。ケヤキは、春の新芽から夏の緑、秋の黄葉、落葉してホウキ状になった冬の姿まで、四季それぞれに美しいので、鎮守の森や道路の並木に昔からよく植えられている。県内では湖東から湖北の鎮守の森に多い。また、彦根の芹川の並

長浜市国友日吉神社のアカマツ林

木は有名である。

アカマツ林

県内に分布するマツにはアカマツ、クロマツ、ゴヨウマツなどが知られているが、森林として最も広い面積にわたって分布しているのはアカマツである。特に人里に近い丘陵地や低山地にはいたる所でアカマツ林を見ることができる。しかし、近年各地でマツ枯れが進み、分布域は減少しつつある。鎮守の森のマツは、庭園樹として植栽されたものもあるが、隣接のアカマツ林から自然に侵入して形成されたものが多いと思われる。

スギ・ヒノキ植林

県下の鎮守の森には多かれ少なかれ、スギやヒノキが植栽されている。自然林が破壊された後の鎮守の森には、経済的に価値の高い有用樹種が植栽樹種として選ばれるため、スギやヒノキの一斉林にならざるを得ない。このことは、各地の鎮守の森の保護の難しさを示している。一般にスギは谷筋などの湿潤な所に、ヒノキは尾根部などの比較的乾いた、土壌の浅い所に植林されるのが普通であるが、平地の鎮守の森では両者が混植されているところも多い。

（蓮沼）

2．鎮守の森と人とのかかわり
―志賀町栗原年中祭礼行事より―

(1) 背景

「目出度やのエーエー、世の中よかれホーイアラヤーレ、田もよかれソーヨーナ、田もよかれエーエー……」、早乙女たちの手から早苗が投げられていく。神前に供えられた三把の早苗が振り分けられると、神社境内に備えられた円形の神田を取り巻く二十数名の早乙女たちの御田植歌が始まる。志賀町栗原に伝わる年中祭礼行事の一つ、六月十日、本社の「御田植祭」である。

丘陵地から眺める栗原集落

正装で祭礼に立ち会う「十人衆」

ここ栗原は、比良山系の南端に位置し、山麓の小高い丘陵地に九十七世帯の集落が村を形成している。かつて日本にあった村的なものをたくさん残し、単調に続く棚田が美しい牧歌的な村の原風景を紡ぎ出している。近世から世帯数にあまり変化が見られないということは入りびとを持たない証でもあり、それだけに、この地に入ると、何か私たちが見失ってしまったものを一つ一つ見つけ出していくような気がする。過去が現在につながり、蓄積された時間の中で歴史と伝統を継承しているこの村独特の文化に出会うことができる。飾らず、人情があり、村の結合が鎮守に対する祭礼のために組織され、穏やかに文化を共有しながら日常の生活の中にも古風な慣習が息づいている。

地域に暮らす人びとにとって、自然と人との関係は無事な関係の維持を願い、おれあいの関係を基本とするものである。自然の恵みに生かされる毎日の糧を願う崇敬が鎮守を頼みとし、神聖なハレ（非日常性）の空間を村びとと共有する。村社とする水分《みくまり》神社における祭礼組織は、宮座によって運営され、座を代表する「十人衆」

栗原の村社・水分神社（鳥居の後ろに勧請縄が張られている）

と呼ばれる長老十人が和服の正装ですべての祭礼に立ち会う。神前に並ぶ姿は、荘厳な中にも威厳を感じさせ、見る者の心に感動となって染み込んでくる。氏子入りにはじまり、青年会、賛助会員、小頭、宮世話、氏子総代、檀徒総代、神主を務めて最高の名誉職である十人衆の資格を得ることができるのである。現在の村社水分神社は近世には龍王明神社・八大龍王と呼ばれ、一二五六年（康元元）の創立という。

(2) 人とのかかわり

栗原では、本社・末社を合わせて一月一日の「初詣」から十二月十日の「大祓」まで年十七回の例祭が執り行われている。本社は水分神社で、末社は天満神社、小星神社、八幡神社、大将軍神社、嶺神社、松尾神社、神明神社、今宮神社、大川神社、岩上神社、稲荷神社と計十二社が境内にまつられている。また、このうち大将軍、嶺神、岩上、神明の各社は境外地にもも同じくまつられている。これらの祭礼のほとんどは、宮座とその中から選ばれる年番神主（村神

境内にまつられている水分神社（本社）

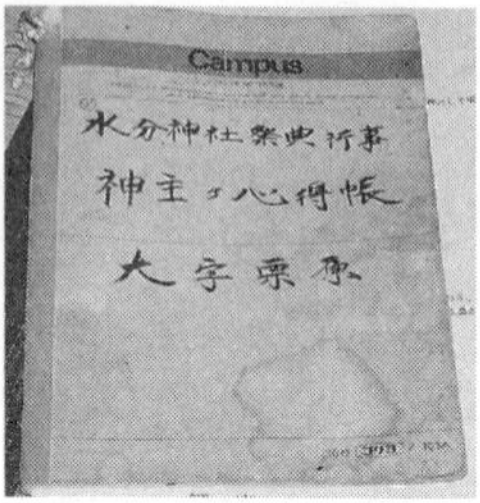

神主乃心得帳

主）が務めるのである。神主は七年にわたる宮役と寺役を務めた者がその資格を得、一年間ハレの役となる。「水分神社祭典行事　神主乃心得帳　大字栗原」と記された台帳が、在職中の心得として読み上げられ、十二月十日の「大祓」に交代報告として引き継がれていく。その内容は次の通りである。

「毎月の参宮日　一月十七日、二十八日及び祭典日の前日は必ず神社境内上段を掃除する事　亦其の他必要に應じ適宜掃除を行う」「神主は多人数集まる場所には行く事は出来ない　亦神主の家は多人数集合する事は出来ない　参宮日及其の前日は葱・ニンニク・肉類等は食してはならない　糞尿等汚物を取り扱わない事」「十二月十日は部落神主の新旧交替を行ふ」この心得はハレとケ（日常性）を折り目としながら、今も生き続けている。

五月三日「例大祭」の神饌／栗オコワ

(3) 年中祭礼と神饌

栗原における例祭で注目されるのは、神饌である。神を迎え、祭り、送るという儀礼構造の中でも、神人共食の儀礼が重視されていることである。一月十日の本社「神事祭」では、地域に産する栗・干し柿・みかん・トコロ芋・蕗のとう・牛蒡・ごまめ・昆布・紅海苔の「九種の神饌」が半紙に包まれ、紅白の水引で結ばれたものが神饌となる。また、五月三日の本社「例大祭」には御輿の巡幸があり、村人の生活ぶりを見ていただくという意味合いから、栗原にちなんで栗オコワが供えられる。さらに、六月五日の末社「節句祭」では、神主が比良山中で採取し陰干しして保存しておいたクマザサを湯通しして、これに細長くした餅を包み、右にねり曲げ、藁《わら》で巻き上げたチマキが神饌となる。さきに述べた「御田植祭」には、豊作を予祝するものとして、稲の花を表すオコワ団子にきな粉がまぶされる。

新たに入村した住民の増加によって、村における祭司集団のバラ

六月五日「節句祭」の神饌／チマキ

ンスが崩れようとしている現在、大きな変化を見ることなく宮座組織が維持されてきた栗原における年中祭礼行事からは学ぶところが多くある。

祭の当日、境内では村神主が祭典の準備で忙しい。神主は、神聖な清斎のなか神を迎えるため口数は少ない。大きく首を振り、参拝者に挨拶をする。会所では、十人衆・区長・総代・組合長・主事・氏子総代・一般氏子会員らが控え、祭礼を待つ。祭礼の後、直合（なおらい＝ひとつの火、一つの釜で煮炊きしたものを食べ合うことで、肉体・精神の連帯をはかり、また神人相饗の連繋をもつ）で始めてケにもどり、親睦の会話が交わされる。

「ノコッタ、ノコッタ……」「ガンバレ」、午後八時、鎮まりかえった森を突き破る歓声がわく。神事相撲の始まりである。境内に設けられた円形の神田に赤土が入れられ、四方に立てられた篠竹から注連縄が張られると、そこは土俵となる。相撲三番を奉納の後、御神酒で景気づけられた青年会の若者が力を競う。相撲三番は予め勝敗が決められており、見えない神を相手に一人相撲三番を演じ、二

九月十五日「豊穣祭」の奉納相撲

対一で神の勝ちとする。これは豊作を予祝する意味があるとされている。この相撲三番は、九月一日の本社「八朔《はっさく》祭」の行列で棒振りを務めた青年会の二人によって演じられている。こうした相撲を演じることによって、さらには悪霊を退散させるという意味合いや、殺生を禁じる放生会から豊穣を掛け合わせたとも考えられている。会所では、十人衆や神主がこれらの相撲一番、一番を厳粛に観戦し、勝利の行方を見守る。ほとんどの祭礼は昼間であるのに対して、この神事相撲で始まる九月十五日の末社八幡神社「豊穣祭」は相撲が中心行事で、午後六時から始まって九時十分終了という夜の祭礼である。土俵作りは青年会が受け持ち、以前は他の地区から力自慢が大勢参加し、若者の交流の場となっていた。

(4) 祭礼に込められた自然への思い

栗原では年中祭礼行事一つ一つに意味が込められ、近世以来の入会地であった権現山をめぐる水利権に端を発する水争いによって継がれてきた。これらの祭礼は、農業生産力の向上に合わせ、自主自

《資料・栗原年中祭礼行事》

1月	1日：本社「初詣」、7日：「山神祭」、10日：本社「神事祭」（宮司、坐女、湯立て）、17日：本社「吊縄祭」
2月	11日：本社「建国祭」
3月	6日：本社「日迎祭」（宮司）
4月	10日：末社岩上神社「岩上祭」
5月	3日：本社「例大祭」（宮司）
6月	5日：末社今宮神社「節句祭」（宮司、坐女、湯立て）、10日：本社「御田植祭」
7月	6日：本社「日仰祭」、20日：末社嶺神社「権現祭」（宮司、坐女）
9月	1日：本社「八朔祭」（宮司、坐女、湯立て）、15日：末社八幡神社「豊穣祭」、28日：末社稲荷神社「餅搗祭」（宮司、坐女）
10月	17日：本社「新餅祭」
12月	10日：本社「大祓」（宮司）

立を確保しようとする村落防衛の意を表した豊穣祈願を基本とする「農耕儀礼」の形態をとっている。

「日照時間や風向きの違いによって、作付けの技を変えてます。自然の変化から自分自身の技をつくり出してます。」――一九九八年（平成十）、この年の村神主を務められた徳岡治男さんの言葉は、自然に生かされ、同時に自然を生かし、畏敬の念が祭礼という形態の中で実現させてきたという、まさに現場からの現実感ある語り部の言葉であった。

（小坂）

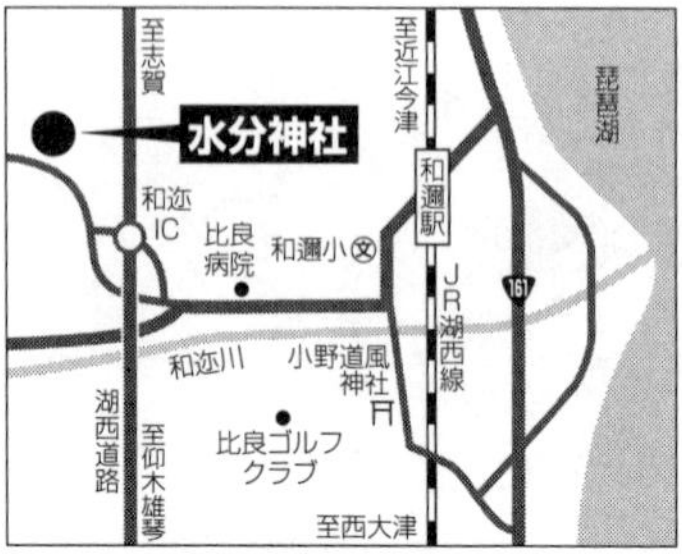

交通：JR湖西線和邇駅下車西方に約4キロ（バスは便数が僅少なので注意）、湖西道路和迩ICより車で約3分。**照会先**：栗原区事務所（077-594-0011）

おもな鎮守の森ガイド

湖北地区
湖東地区
大津・湖西地区
甲賀・湖南地区
琵琶湖
余呉町
木之本町
西浅井町
マキノ町
高月町
浅井町
湖北町
伊吹町
虎姫町
びわ町
今津町
新旭町
長浜市
安曇川町
朽木村
山東町
近江町
米原町
高島町
彦根市
志賀町
多賀町
甲良町
豊郷町
能登川町
愛知川町
秦荘町
五個荘町
安土町
湖東町
愛東町
近江八幡市
中主町
守山市
八日市市
永源寺町
野洲町
竜王町
蒲生町
草津市
栗東町
石部町
甲西町
日野町
水口町
大津市
土山町
甲南町
甲賀町
信楽町
1
2
3
4
5
6
6
7
8
9
10
11
12
13
14
15
16
17
18
19
20
21
22
23
24
25
26
27
28
29
30
31
32
33
34
35
36
37
38
39
40
41
42
43

1

御霊神社《ごりょうじんじゃ》

照葉樹林の面影をわずかに残す鎮守の森

大津市南郷五丁目

南郷の集落の南西に位置する小高い丘にある神社である。西側からの参道(階段)を登りながら右手を眺めると、立派に生長したスギやヒノキを主体とする森があり、荘厳な雰囲気をかもし出している。南側からの参道は車が通れるよう舗装されている。この参道の登り口付近にかろうじて残った照葉樹林を見ることができる。

この小面積のシイを主体とする照葉樹林内にはアオキ、クサギ、カジノキ、ヒイラギ、ネズミモチ、ヤツデなどが見られるが、境内は照葉樹林の面影をやっととどめているといった状態である。境内の南東側にはモウソウチクの侵入が見られ、外来植物の侵入も境内全体にかなり見られる。境内に植栽された樹木としてはソメイヨシノ、イヌマキ、イロハモミジ、サカキ、トウヒ、イヌツゲ、サツキ、オオムラサキなどがあげられる。

一三七三年(応安六)二月に創建されたといわれる古い神社で、祭神は吉備真備《きびのまきび》(右大臣)。創建当時は南郷村の氏神であったが、天正年間(一五七三―九二)から千町《せんちょう》村も氏子に加わり、現在では南郷、千町両地区の氏神となっている。毎年五月五日に行われる〝鯉祭り〟は有名である。これは全長三メートル以上もあ

る木製の鯉の形をした御輿を、おそろいのはっぴを着た若者が町内をかつぎまわる珍しい行事である。（横山）

スギ・ヒノキを主体とする鎮守の森

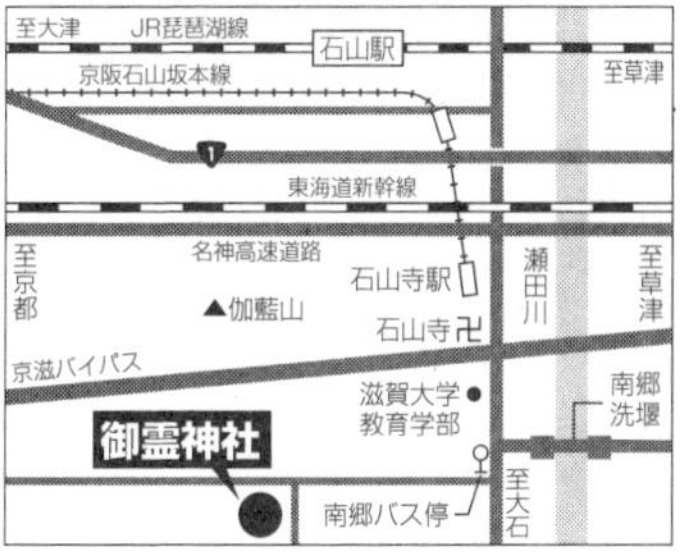

交通：JR琵琶湖線石山駅から京阪バスで15分「南郷」下車、徒歩10分。
車での参拝は南郷の旧集落内は道路の狭いところが多いので、南側と北側からの広い道路を利用し、参道前の駐車場を利用するとよい（乗用車数台は駐車可能）。

わずかに照葉樹林の面影を残す

2

日吉大社《ひよしたいしゃ》

スギとヒノキに包まれた「山王さん」

大津市坂本本町

京阪電車の坂本駅を下りて坂道を山手方向にしばらく進むと、右側に大きな朱の鳥居が見えてくる。そこが比叡山延暦寺の鎮守として鎮座する日吉大社である。全国に分布する山王社の総本宮であり、八王子山の麓に十三万坪の境内が広がっている。境内には西本宮、東本宮など二十一社があるが、これらを包むように、スギやヒノキをはじめとする樹木が生育し、緑深い広大な森を形成している。境内を流れる大宮川の周辺にはイロハモミジが多く、新緑や紅葉の季節には観光客でにぎわう。

この森で特筆したいのはカツラとタラヨウである。カツラは西本宮拝殿の左手後方にあり、この社とゆかりの深い木である。というのも、四月十二日から十四日にかけて山王七社の御輿が繰り出す勇壮

日吉大社に緑の深いカツラの木（山王祭にはこの小枝を冠に差す）

そびえ立つタラヨウの木（昔、葉の裏に文字を書いた）

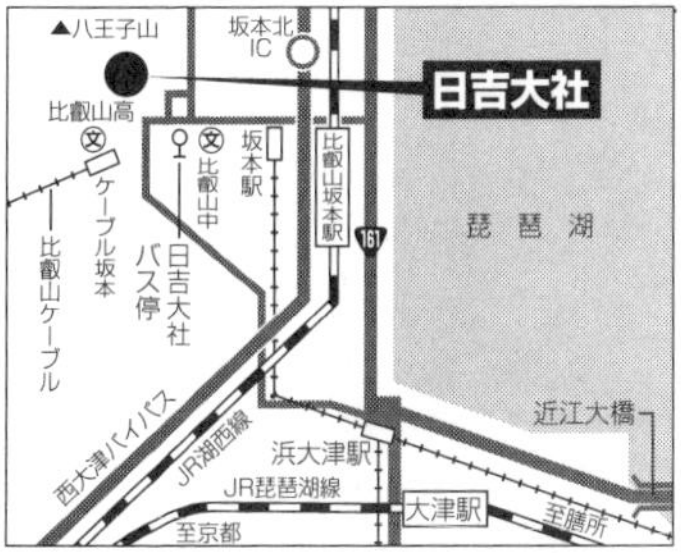

交通：京阪電車坂本駅下車徒歩10分、またはＪＲ大津駅から京阪バス、江若バス「日吉大社」下車すぐ。**照会先**：日吉大社（077-578-0009）

「実成り鈴成りの木」と呼ばれるタラヨウの実

な例祭「山王祭」が行われるが、宮司以下参列者は冠や衣服にカツラの小枝を飾るからである。このことから、京都の上加茂、下鴨神社の祭りを「葵祭り」というように、山王祭は「桂の祭り」とも呼ばれた。一本の大木は上部で四方に分かれ、枝は丸い葉をいっぱいつけている。そよ風になびく姿はいかにも涼しげで、新緑、黄葉ともに美しい。

タラヨウは東本宮拝殿の後方にそびえ立ち、拝殿の甍《いらか》をはるかに見下ろしている。肉厚の葉の裏に文字を刻むと濃く浮かび出るので自然観察会でも人気がある。秋が深まると赤い実をいっぱいつけ、ヒヨドリなどがやってきて盛んについばむ。立て札の説明文に「郵政ハガキの原点」「実成り鈴成りの木」とあるが、自然とうなずける。

このほか、林床や林縁にはベニシダ、シノブ、ノキシノブ、カタヒバ、コンテリクラマゴケ、イヌシダ、マメヅタ、オオカナワラビ、フモトシダなどシダの仲間が多い。

（武田）

日吉大社西本宮のフジ（藤吉郎の藤）［写真提供・小林和子氏］

3

幻の大梛をまつる淳和天皇母君ゆかりの杜

還来神社《もどろきじんじゃ》

大津市伊香立途中町

比叡、比良の山並みの切れ目あたりから湖西の丘陵部を切り開くように流れ出る和迩川《わにがわ》最上流部、ここを越えると京都大原の里に至る伊香立途中町に還来神社はある。途中町はかつて京都と若狭を結ぶ鯖街道の主要宿場町として栄えた。この丘陵部一帯は古くは竜華《りゅうげ》の荘といい、当社の氏子区域（伊香立途中町、伊香立上竜華町、伊香立下竜華町）になっている。

祭神は、桓武天皇の皇妃で第五十三代淳和《じゅんな》天皇の母君である藤原旅子《たびこ》（この地の隣、志賀町栗原出身）で、旅子が七八八年（延暦七）、京の都で病に倒れた際、「我が出生の地、比良の南麓に梛（ナギ）の大樹あり。その下に祀る可し。」との遺命を受け神霊をまつられたのが縁起とされる。その梛の古木が鳥居真正面に高さ三メートルの所で整え、屋根を架けられている。推定樹齢一千年ともいわれているが既に枯れ、今は樹齢約百年の二代目がすぐ後ろに茂っている。梛は藤原氏の神木として崇められている。

境内には主木のナギ七本のほかに、スギ（中でも本殿前の樹齢七百年、樹高約三十メートルの大杉は神木として崇められている）、ヒノキ、マツ、ケヤキ、カシ、カツラなどが六〇〇坪の鎮守の森を形成している。さらに緑豊かな六〇〇〇坪の裏山がこれに加わり、全体として大きな森をつくっている。鳥居前には樹齢四百年の大イチョウがあり、秋には見事な黄葉とたわわにつけた銀杏が訪れる人を楽しませてくれる。

雪の多い年には、比良山の前山となる神社の裏山をたどり、ニホンザルの群れが餌を求めて境内周辺まで下りてくる。

かつて旅子の神霊とともに帰郷した七家の子孫がこの地で住み栄え、今はその一つ荒堀家が氏子総代を勤めている。

（位田）

南比良山麓・豊かな緑をたたえる還来神社の森

御神木・幻の大梛（ナギ）

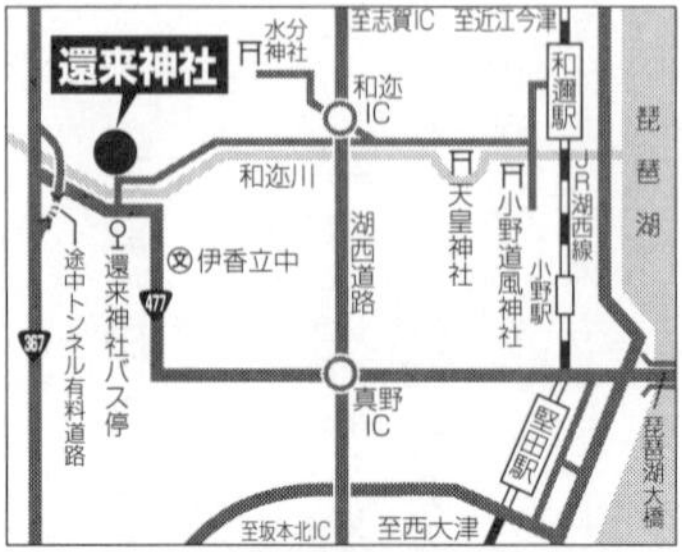

交通：ＪＲ湖西線堅田駅より江若バス途中方面行「還来神社前」下車すぐ。**照会先**：雄琴神社（077-578-2720）

4

小野神社《おのじんじゃ》

菓子と餅の祖神をまつる鎮守の森

滋賀郡志賀町小野

神社や寺院には、社寺林と呼ばれる森や林が昔から聖域として、自然に近い形で保存されている。小野神社にも本殿南側に小規模ながらシイの自然林が見られる。高木層には胸高直径三十〜八十センチ程度のコジイをはじめ、同六十センチ前後のツクバネガシやヒノキが少数混生している。本殿裏には県下では珍しいタマミズキの大木が生育しているほか、参道には胸高周囲四メートルを越える県下最大のムクロジがある。

小野神社は小野氏一族の祖神をまつる神社であるとともに、第五代孝昭天皇の第一皇子天足《あまたらし》彦国押人命《ひこくにおしひとのみこと》と同命から数えて七代目、餅と菓子の匠・司の始祖である米餅搗大使主命《たがねつきおおおみのみこと》の二神をまつっている。この神社では今も一二〇〇年来伝承している古式粢《ひとぎ》祭が毎年十一月二日に行われている。また、十月二十日に

粢祭（斎場で粢を献供して五穀豊穣を祈願する）[写真提供・志賀町役場]

は国内の菓子業界代表者による餈奉賛会奉仕の大祭が行われる。餈大祭には、前日より水に浸しておいた新穀の糯《もち》米を生のまま木臼で搗《つ》き堅め、藁《わら》のツトに納豆のように包んだ「餈」を中心に、「竹馬の酒」と称して青竹に入れた酒と蜂蜜、「山の菓」と称して栗、「水の菓」と称して菱がそれぞれ献供される。

　これらの神事に先だって、五月十日には境内の神田において餈の糯米を作る御田植え祭が、十月二日には抜き穂祭がそれぞれ行われる。小野神社の御田植え祭は、現在各地で行われている御田植え祭の最も古い形を今に残している。

　境内社の小野篁《たかむら》神社は、平安初期の漢学者で歌人でとしても高名であった小野篁をまつっている。また、飛地境内社の小野道風《とうふう》神社は書道・学問の神である小野匠守道風をまつる神社で、小野篁神社とともに本殿は国の重文指定を受けている。小野道風は柳に飛びつく蛙の姿を見て発奮努力したエピソードで知られ、日本三蹟の一人で文筆の神として崇められている。また、菓子の体系を創造された事により匠守の称号を賜り、菓子業の功績者に匠、司の称号を授与する事を勅許されていた。

　さらに、道風神社から一キロほど南には外交・華道の祖神小野

小野道風神社に残るコジイ林（左手）

妹子を祭神とする小野妹子神社があり、今も外交官や駐在員の参拝が多く、華道家元「池坊」によって免許の授与が引き継がれている。

（阪口）

小野神社参道にそびえる県下最大のムクロジ

交通：JR湖西線和邇駅または小野駅下車徒歩15分。**照会先**：谷文詞氏（077-594-0330）氏子総代のため交代あり。

5

八所神社《はっしょじんじゃ》

タブノキとシイの大木が茂る鎮守の森

滋賀郡志賀町八屋戸

国道一六一号線とJR湖西線の高架が交差した場所に八所神社の森がある。スギやヒノキ、カヤノキなどの植栽木も多いが、本殿の北側を中心にシイの大木が多数生育している。また、西側にはタブノキ林も残存している。胸高周囲四～五メートルのタブノキの巨木が枝を広げていて、そこは深い森に迷い込んだような錯覚に陥る。しかし、道を隔てたすぐ側には新しい家が建ち並び、現実にもどされてしまう。

林内は比較的自然な状態に維持されているようでヤブツバキ、ヤブニッケイ、サカキ、アオキなどの照葉樹が多く生育している。特にアオキはかなり繁茂している。草本植物は美しい花を咲かせるヤブミョウガやシャガのほか、ヒヨドリジョウゴ、ヌスビトハギ、イノコズチなどの人里植物が目立つ。また、シダ植物はベニシダ、フモトシダ、イノモトソウ、イノデ、ミゾシダなどが多い。

不思議な樹幹をした境内のシイの大木

社伝によれば、大津京遷都のとき近江にやってきた平群《へぐり》飛鳥の真人が、彼の祖先の神をこの

地にまつるため、七六八年（神護景雲二）に神社を創建した。後に真人の子孫の平群兼房によって、天照大神《あまてらすおおみかみ》をはじめとする七柱の神々がまつられ、計八柱となった。これが八所神社の名の由来であるという。織田信長が比叡山を焼き討ちした際、日吉大社の祝部宿弥行丸《はふりべすくねゆきまる》が御神霊を持って八所神社に逃れたため、この神社も焼かれたが、いち早く再建され、日吉大社に代わって山王祭が行われたこともあった。

　なお、八所神社の森は風致保安林に指定されている。（田中）

本殿裏側に残るタブノキの自然林

交通：JR湖西線蓬莱駅下車徒歩5分。照会先：志賀町役場産業振興課（077-592-8077）

6

シイの自然林が茂る鎮守の森

天満宮と樹下神社《てんまんぐうとじゅげじんじゃ》（二社）

滋賀郡志賀町北比良、南比良、北小松

湖西線比良駅にほど近い湖畔に立つ鳥居からまっすぐ比良山方面に向かうと、山麓に大きな鎮守の森があり、その背後には早坂山がそびえている。国道一六一号に面してシイの老木がどんと控え、その木をはさんで右に天満宮、左に十禅師権現（樹下神社）の鳥居が並んでいる。樹下神社は往古、比良神を産土《うぶすな》神としてまつっていたが、平安前期に日吉山王十禅師を勧請したと伝えられる。また、十禅師権現の祢宜であった三和良種が九四六年（天慶九）に天満宮を勧請したとされる。明治以降、樹下神社は南比良、天満宮は北比良の氏神と定めて境内を二分し、それぞれの祭礼を行っている。二つの社殿を取り囲むようにシイやツクバネガシなど照葉樹を主体とする社叢林が広がっている。奥には胸高周囲四メートルを越えるシイの大木や樹高三十メートル近いモミが見られるほか、ヤブニッケイ、シキミ、アオキ、ヒサカキなどが生育している。

一方、北小松の樹下神社は湖西線北小松駅から徒歩五分ほどの所にある。一二四一年（仁治二）の創建と伝えられ、玉依姫《たまよりひめ》と菅原道真を祭神としている。鳥居をくぐって参道左手にセンダンの木（胸高周囲約二メートル、樹高約十五メートル）が茂っているほか、ムクロジも見られる。ちょうど参拝に来られていた方にお聞きすると、ムクロジの実でよく遊んだ体験を話された。本殿左右にはヒノキやモミの大木がそびえ立っている。また、本殿裏はシイの自然林になっていて、胸高周囲四メートル前後の大木が十数本生育している。林内にはサカキやヤマザクラ、周囲にはセンダン、クヌギなども見られる。なお、北小松の駅から二キロほどの所に楊梅の滝があり、ハイキングや山登りに訪れる人も多い。

（田中）

広大なシイの自然林をもつ天満宮と樹下神社（左側）の森

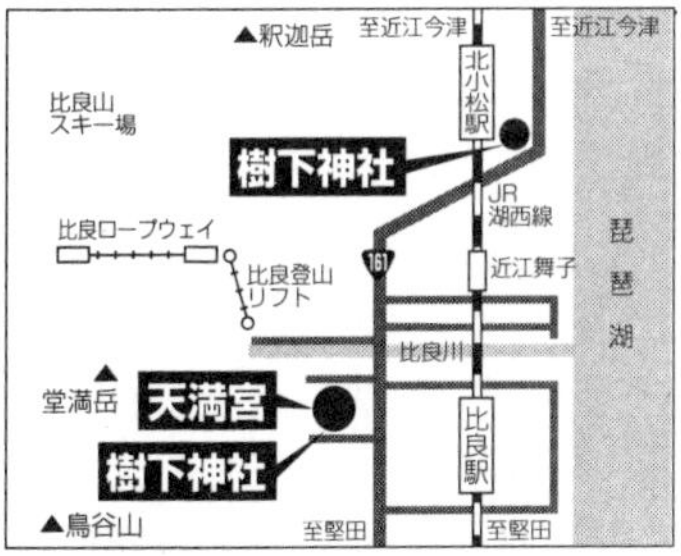

交通：天満宮と南比良の樹下神社はＪＲ湖西線比良駅下車徒歩15分、北小松の樹下神社は同北小松駅下車徒歩5分。**照会先**：志賀町役場産業振興課（077-592-8077）

北小松・樹下神社のクスノキ

7 白鬚神社《しらひげじんじゃ》——高島郡高島町鵜川

山紫水明近畿の厳島と称される鎮守の森

白鬚神社は、四季の変化に富み風光明媚な琵琶湖西岸を大津から三十数キロ北進した白砂青松の明神崎にあり、古くからその名を知られていた。背後に比良連峰をひかえ、老松が茂り、湖面には鳰《にお》鳥がのどかに浮き沈みし、湖中の丹塗りの大鳥居が碧水にうたれる美しい景観は、どこか厳島をほうふつさせる。湖岸より沖合四十五メートルのところにたたずむ大鳥居は高さが約十二メートルもある。もともと陸地にあったが、一六六二年（寛文二）の大地震で湖中に沈んだといわれている。

祭神は猿《さる》田彦命《たひこのみこと》で、比良明神、白鬚明神とも称せられる近江最古の大社である。延命長寿白鬚の神として縁結び、子授け、開運、交通安全など多くの人々から信仰を集めている。謡曲の「白鬚」は、この神社の縁起を謡ったものである。

九月五、六日の秋の例祭（白鬚祭）には「なる子まいり」と称する神事が行われる。この神事では、数え年二歳の子どもに名受けを申し出て白鬚明神より名を賜り、その賜名を三日間は呼び名として使うと、その子の健康成育と一生幸福の守護をいただくと伝えられている。

神社の境内には樹木は少なく、十本ほどのクロマツとイロハモミジがある程度で駐車場を兼ねた境内は広々としている。本殿裏には右手にナギの木が一本見られ、裏山に向かって階段を上ると、正面に天の岩戸と称される祭神ゆかりの古墳がある。ここには胸高周囲二㍍以上のシイの木が古墳の周りを取り巻くように生育している。

しかし、古墳の管理上の都合か大木は間引き伐採され、日光が明るく射し込み、下草刈りなどの手入れが行き届いている関係で低木も育っていない。草本類もキッコウハグマとニセジュズネノキが目立つ程度で全体的に貧弱である。西側の竹薮近くにクスノキとモチノキが、また、紫式部の歌碑の周りにコムラサキやキリシマツツジなどが植裁されている。

しらひげの神の御前にわくいつみ

これをむすへは人の清まる

与謝野寛（上の句）、与謝野晶子（下の句）が詠んだ歌の記念碑が本殿横に建っている。

（阪口）

朱塗鳥居の白鬚神社

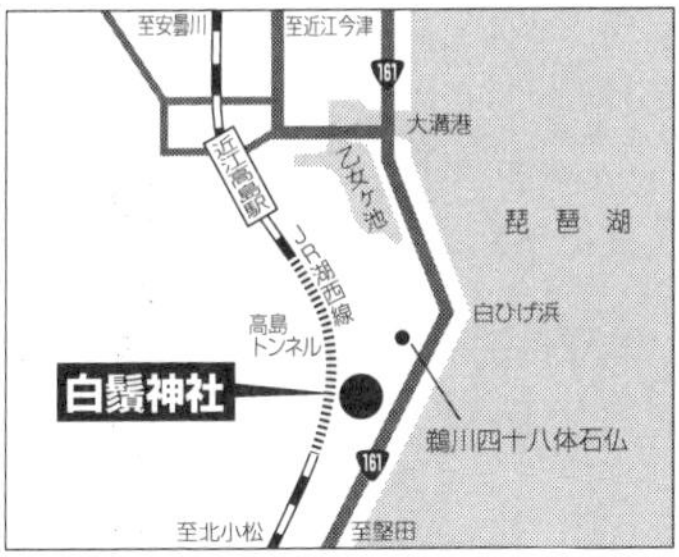

交通：ＪＲ湖西線近江高島駅下車、春秋の例祭時にはバスが出る。**照会先**：白鬚神社（0740-36-1555）

8

大荒比古神社《おおあらひこじんじゃ》

湖西地方随一の大祭「七川祭」で知られる鎮守の森

——高島郡新旭町安井川

新旭町には、旧饗庭《あいば》村（北部）に波爾布神社、旧新儀《しんぎ》村（南部）に大荒比古神社が鎮座し、それぞれの村の氏神として崇敬されてきた。

大荒比古神社は新旭町安井川字井ノ口にあり、饗庭野から延びる山麓に鎮座する。近くにあった清水山城の領主・佐々木高信が一二三五年（嘉禎元）、勅許《ちょっきょ》を得て佐々木氏の四祖神をまつったのが始まりといわれている。現在の社殿は一九一四年（大正三）に改築され、石鳥居は一九五六年（昭和三十一）に建立された。周囲には大荒比古神社裏山古墳群や下平古墳群がある。

境内にはタブノキ、シイ、シラカシ、ケヤキ、サワグルミ、タラヨウ、コウヨウザンなどの高木や、サザンカ、ギンモクセイ、サカキなどの低木が見られる。

大荒比古神社の例祭「七川祭」は、湖西地方随一の大祭とされ、毎年五月四日（以前は五月十日）に行われている。領主佐々木氏は出陣に際して必ずこの神社に祈願をかけ、神明の加護によって戦勝のおりに十二頭の流鏑馬《やぶさめ》と十二基の的を奉納したのが、七川祭の始まりといわれている。宵宮に続いて当日の例祭が行われる。佐々木氏の四ツ目紋の半てんに、わらじをはいた十

大荒比古神社の例祭「奴振り」

四名の奴《やっこ》たちが各々的を持って神社まで練り歩く「奴振り」は県無形民俗文化財で、その後の長さ三〇〇メートルの馬場を走る「馬駆け」は壮観である。（堀野）

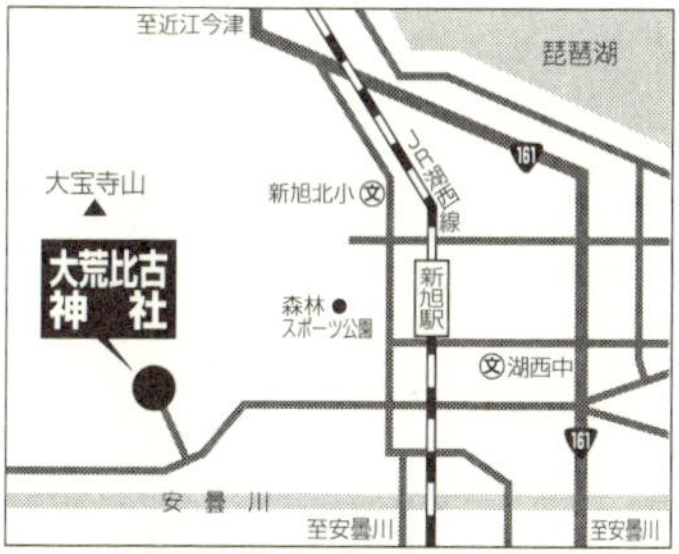

交通：ＪＲ湖西線新旭駅より山手へ向かって約2㎞。**照会先**：大荒比古神社（0740-25-5000）

9

中江藤樹をまつる造られた大正の森

藤樹神社《とうじゅじんじゃ》

——高島郡安曇川町上小川

藤樹神社はその名のとおり、近代初期の儒学者中江《なかえ》藤樹《とうじゅ》（中江与右衛門）をまつるため、一九二二年（大正十一）、藤樹先生の遺徳を慕う人々による神社創立協賛会が中心となって、県社として新たに創立された。神社をつくるための経費はすべて寄付金でまかなわれ、県内はもちろん、東京、大阪、京都、愛媛をはじめ、遠く朝鮮、中国など海外にもおよんだ。比較的歴史の浅い神社であるので特に氏子はないが、「藤樹先生、藤樹先生」と慕う地元の人々によって守られている。

神社の周りはシイやアラカシ、クスノキ、ヒノキ、スギ、アカマツなど比較的樹齢の若い木々でおおわれているが、その中にあって樹齢四百年以上と推定されるタブノキの老木がひときわ目をつく。この地は天台宗萬勝寺跡であり、その当時からのものと考えられる。タブノキの根元に「見ざる、聞かざる、言わざる」の三猿像を陽刻した庚申《こうしん》供養塔が残っている。庚申は六十年、あるいは六十日ごとに巡ってくる干支のカノエサルのことである。中国道教の説を基にした庚申待、庚申講と呼ばれる習俗が村々に伝わり、室町時代末期になると、方々で庚申待供養のため塚を築いて石造りの塔をその上に立てたりした。

「一番終いの庚申さん」といい、村境に立てることが多かった。藤樹神社も大字上小川と大字青柳の境目にある。

祭礼は藤樹先生の命日の九月二十五日に行われる。また、誕生日にあたる三月七日には「立志祭」が行われている。これは、十歳のとき志を立てて米子に行かれた藤樹先生にちなんで、同じ年齢の町内各小学校三年生が中江藤樹について学習し、感想文を発表したりする。中江藤樹の「心の学問」が現在の学校教育にも生かされている。その他、毎年五月には町の行事として町内各家々で育てられた藤の木の盆栽展が行われる。

（奥野）

藤樹神社

タブノキの大木と庚申供養塔

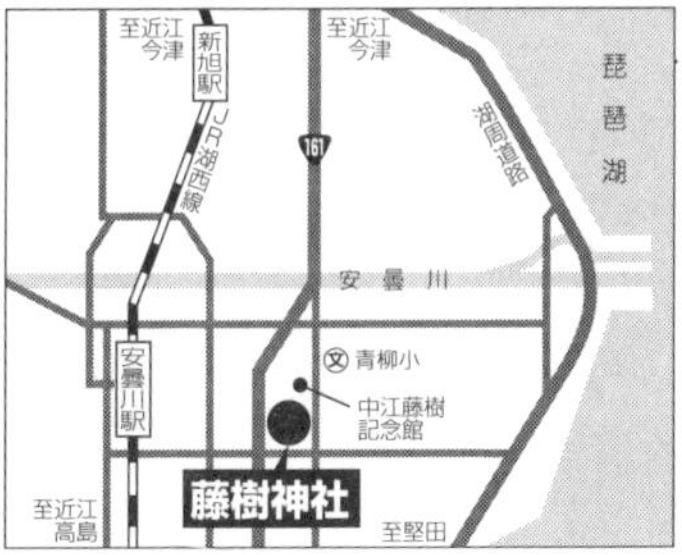

交通：ＪＲ湖西線安曇川駅下車、琵琶湖に向かって藤樹街道を徒歩約15分、近くには藤樹書院、中江藤樹記念館、中江藤樹の墓所などがある。**照会先**：安曇川町役場（0740-32-1131）

10 海津天神社《かいづてんじんしゃ》

兵火をくぐってきた天神の森

高島郡マキノ町海津

いつ主役が交替するかわからない戦国時代。地方に分散する豪族、郷士たちと寺社勢力の存在は不気味である。まして主要な街道に位置した所はなおさらである。

ここ海津天神社は交通の要衝に位置している。神社の前を南北に通じる西近江路を北へ行けば敦賀まで五里あまり、東へ進み賤ケ岳を越えると北国脇往還を経て中山道に出る。長命寺の『念佛帖』には海津合戦［一五四七年（天文十五）七月一日］のことが記されている。六角、浅井、京極三家の確執からであろう。同年七月十五日に死人三六〇人とあり、かなりの激戦であったことがうかがわれる。

現在は国道一六一号沿線に鎮座するこの神社の石の鳥居をくぐると、参道の両側に松の老樹が低く枝を伸ばしている。左にクロマツ、右にアカマツがあり、短い参道を大きく見せている。数十歩で境内が開ける。一段高い天神社を中心に、大鍬《おおくわ》神社、愛宕神社など九社がずらりと陣構えのように整然と並んでいる。その前に注連縄をしめた神木・シラカシがある。右奥の石段を四十メートルほど登るとモミ、クスノキ、シラカシ、ウバメガシなどが生育する社叢林が広がっている。すぐ後背にJR湖西線が通り、特急雷鳥が走っている。

一見静かだが、びっくりさせられる。

美しや紅の色なる梅の花
　あこが顔にもつけたくぞある

祭神菅原道真公が幼少の頃の歌だそうだ。傍らに紅梅の樹が一本、常緑の大樹の下でひときわ色を添えていた。

はじめ社領は一三〇石の勅願所であったが、浅井、朝倉連合軍と戦火を交えた織田信長の兵火によって焼失し、その上、社領没収の憂き目にも遭っている。その後は朝廷より国家安全の祈禱《きとう》を仰せつけられ、一八七二年（明治二）まで続いた。越前前田侯はこの地を通過の際は必ず立ち寄って参詣したという。現在の社殿は一八二七年（文政十）の再建である。

（小山）

天神社を中心に居並ぶ境内社

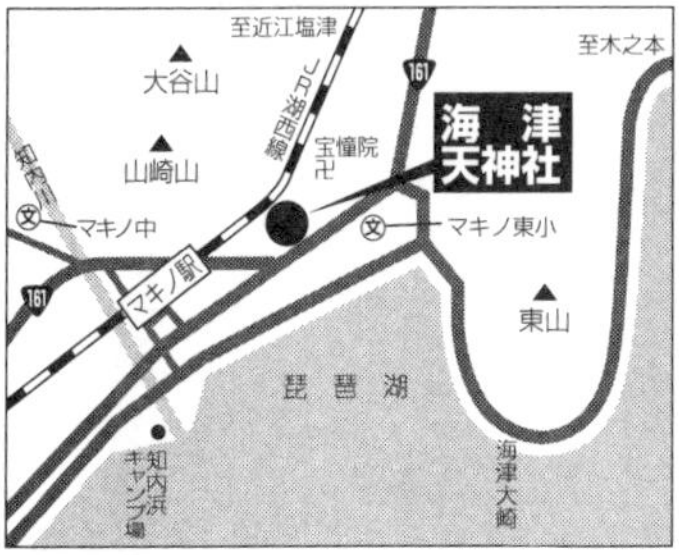

交通：ＪＲ湖西線マキノ駅下車、徒歩約8分。
照会先：海津天神社（0740-28-0051）

11 須賀神社《すがじんじゃ》

菅浦文書とミカンで知られる古伝の里

伊香郡西浅井町菅浦

社伝によれば、もとは保良《ほら》神社といわれていたが、一九一〇年（明治四十三）に小林神社、赤崎神社と合併して、この神社の旧称菅浦大明神にちなんで須賀神社と改称された。

この地の歴史は古く、七五九年（天平宝字三）保良宮が営まれ（大津市石山国分にも保良宮があったとされるが特定されていない）、淳仁天皇が行在《あんざい》されたと伝えられている。この神社の御神像はその時、天皇が自ら榧《かや》の木を採って彫刻されたといわれている。

また、菅浦には鎌倉期から明治初年にいたる六十五冊もの貴重な共有文書が残され、「菅浦文書」として国の重要文化財に指定されている。この文書には菅浦にとどまらず、周辺の出来事が網羅されている。現在も雪深いこの一漁村が、宮中に食糧を献上する特権を得たために生じた、時の権力者たちとの歴史上のドラマを読みとることができる。平安末期には全村を竹生島に寄進したり、一二五二年（建長四）には山門の檀那院領になったりしている。鎌倉時代には禁裏の供御人《くごにん》でもあった。南北朝時代から室町時代には、村を守る自治組織「惣」を整えている。しかし、戦国時代に入ると浅井氏、さらに織田信長の支配を受け、江戸時代には膳所藩領に組み込まれて明治を迎えることになる。

最初の鳥居から参道をはさんで右側に畑と民家があり、左側に自然林（社寺林）が残っている。石の鳥居をくぐると、ムクロジが大きく立ちはだかり、民家側にはミカンが栽培されている。手水舎まで細い参道がゆるい登りになっている。手水舎から先は土足禁止になっており、スリッパに履き替えて自然石で組まれた石段を登ると本殿がある。かつては素足で登ったのであろう。

大木がそびえ立つ須賀神社参道

気分を一新しての参拝である。

神域はケヤキ、アカガシ、タブノキ、シラカシ、イロハモミジなどの大木におおわれ、森閑としている。樹々はどれも太くて背の高いものが多い。（小山）

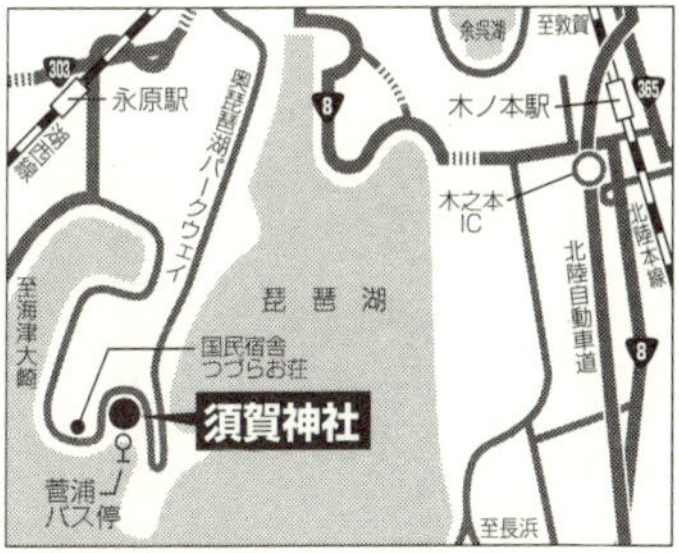

交通：ＪＲ北陸線木ノ本駅下車、湖国バス「菅浦」行。**照会先**：田中宮司宅（0749-89-0073）、湖国バス（0749-22-1210）

湖北地区

12

巨杉に囲まれた伊香郡随一の大社

伊香具神社《いかぐじんじゃ》

伊香郡木之本町大音

木之本町から国道八号を福井方面に進み、賤ケ岳トンネルに向かうと、その手前右方に大音《おおと》の集落がある。田の中に大鳥居が見え、「長馬場《ながばんば》」と呼ばれる八重桜で彩られた参道を通っていくと、伊香具神社の境内にいたる。

一番初めに目につくのが鳥居の形である。両翼を広げたこの鳥居は、奈良の三輪式鳥居と安芸の厳島式鳥居が組み合わさった形をしている。その昔、この神社の前は伊香小江という入江があり、後方が香具山と呼ばれた神奈備《かむなび》であったので、湖の神様と山の神様の両方に捧げる意味でこの鳥居が作られた。

主祭神は、天児屋根命《あめのこやねのみこと》五世の孫・伊香津臣命《いかつおみのみこと》で、創建は六八二年（天武天皇の白凰十）といわれ、『延喜式』にも名のある古い神社である。賤ケ岳の合戦の兵火にかかって焼失した後、一六〇八年（慶長十三）に再建された。境内地は一五七八坪あり、背後の香具山には奥の宮・天児屋根命が鎮座している。

境内にはスギの木が多数あり、胸高周囲三メートルを越える大木は二十数本を数える。その他、ケヤキやシイ、トチノキ、イチョウなどの大木も茂り、静かなたたずまいを見せている。また、本殿に向かって右方にはタラヨウの木が植えられている。

山と湖の神に併せ捧げる両翼を広げた鳥居

境内の右手には、弘法大師が国内巡教の際掘り当てたと伝えられる「独鈷水」と呼ぶ浄水源があり、昔から大音の銘水の一つとされてきた。また、この近くにある蓮池は、神社の前が琵琶湖と連なる伊香湖の入江であった頃の名残といわれ、昔、弘法大師がこの入江に棲む大蛇をこの地に伏せしめ、その化身が境内右方にある藤の老樹だという伝説が残っている。

大音は南隣の西山とともに、古くから邦楽器（琴や三味線）の原糸の産地として知られ、神社の隣には「大音生糸」の糸とり資料保存館がある。（中村）

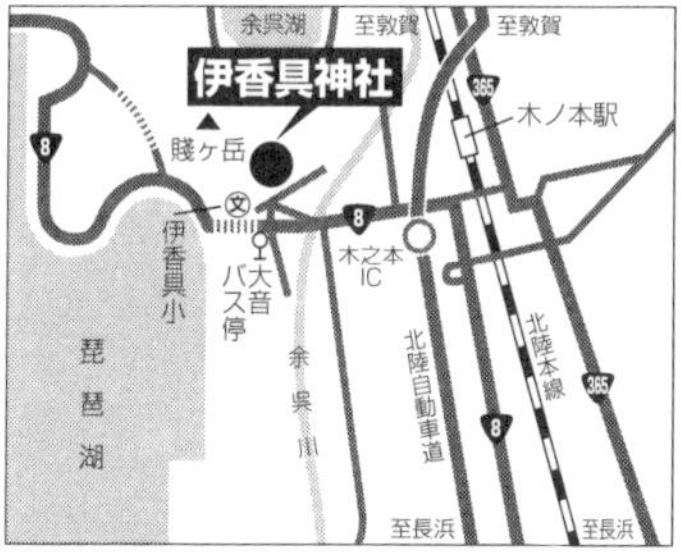

交通：ＪＲ北陸線木ノ本駅より湖国バス「大音」下車。**照会先**：伊香宮司宅（0749-82-3567）、湖国バス（0749-22-1210）

13

意冨布良神社

おほふらじんじゃ――伊香郡木之本町木之本

お地蔵さんの町の鎮守の森

日本三大地蔵尊の一つとして知られる木之本地蔵（浄信寺）前の北国街道（国道三六五号）を余呉町方面に向かい、約一〇〇メートルほど行った所で、道を斜めに山手の方に上がると、太鼓橋のある大鳥居が見える。意冨布神社は木之本を一望する田上山麓に鎮座している。一の鳥居から桜並木に沿って二の鳥居、三の鳥居と続く。二の鳥居付近から三の鳥居にかけて胸高周囲一～一・五メートル程度のスギが見られるが、樹木の本数は少なく、明るい森になっている。筆者が訪れた七月三日には、三の鳥居に大きな茅《ち》の輪が作られていた。参拝者は来し方半年間の罪や汚れを祓い清め（夏越《なごし》の祓い）、残る半年間の無病息災を願って、茅の輪をくぐる。

この神社の草創は飛鳥時代で、六七六年（天武天皇の白鳳四）の鎮座と伝えられる。『延喜式』にも名のある古大社で、一一八二年（寿永二）には木曽義仲が北国より京へ出軍の途中、この神社に戦勝祈願をした。その時、兜《かぶと》を置いたと伝えられる石「兜石」が今も残っている。室町時代以降、当地は枢要の地であり、また祭神が武運長久の神様であることから、歴代武将の尊崇が篤く、往来も激しかった。

しかし、姉川合戦、賎ケ岳合戦時に文献などはほとんど焼失した。一六〇一年（慶長六）、豊臣秀頼が再建、翌年、小堀新助が奉行となって当社を検地した時、この神社周辺を「おほふら」と呼び「王布良」と記している。かつては「王布良天王社」と呼ばれていた。一八七三年（明治六）、現在の意冨布良神社と改称された。

意冨布良神社の茅の輪（夏越の祓い）

　境内地は一五四一坪で、裏山は区有林になっていて、山頂には「上《かむ》の宮《みや》」跡がある。また、中腹には高台広場があり、忠霊碑が建てられていて、なかなか眺望がよい。神社の西には伊香西国霊場の第一番札所「田上山観音寺」があり、神仏習合の名残をとどめている。

（中村）

木曽義仲が兜を置いたと伝える「兜掛石」

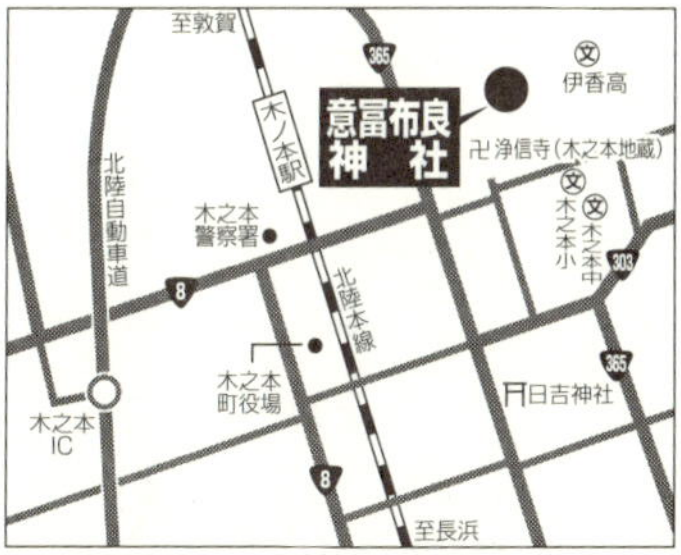

交通：ＪＲ北陸線木ノ本駅より徒歩約10分。
照会先：藤田宮司宅（0749-82-2850）

14 丹生神社《にうじんじゃ》

日本海型照葉樹林が分布する湖北の鎮守の森

伊香郡余呉町上丹生

北国街道（国道三六五号）を北進し、余呉町中之郷の役場前で右折して県道に入り、ウッディパル余呉（赤子山）を過ぎるとやがて右手に高時川の流れが見えてくる。両側に山が迫り、川の流れに沿って民家と田畑が帯状に分布する湖北地方の典型的な山村景観が広がっている。そして、その山村景観に欠かせない存在が社叢林（鎮守の森）である。

湖北地方の神社には、ケヤキやスギなどの大木がそびえる見事な鎮守の森が多い。信仰心の篤い村の人たちによって、鎮守の森は畏敬の念をもって眺められ、守り育てられてきたからであろう。

『延喜式』神名帳に名のある「丹生神社」は下丹生と上丹生の二ケ所ある。下丹生の丹生神社は県道沿いにあり、境内にはケヤキやスギのほか、モミやイチョウなどの大木も生育していて、境内は厳かな雰囲気を漂わせている。

一方、下丹生からさらに北進し、高時川にかかる朱塗りの大宮橋を渡ったすぐ北側に、上丹生の丹生神社がある。この神社の社叢林は、一九八九年（平成元）八月、滋賀県緑地環境保全地域に指定されている。境内にはケヤキ、スギ、モミ、イチョウ、ウラジロガシの大木をはじ

アスナロの球果

高時川畔の丹生神社社叢林

め、アスナロ、コウヨウザンなどの稀産種が生育して見事な社叢林を形成している。とりわけ境内西側、高時川沿いの斜面に分布するウラジロガシ林は、ヒメアオキ―ウラジロガシ群集と呼ばれる日本海型の照葉樹林で、県内では高時川源流の上丹生~菅並にかけて分布する貴重な自然植生である。

なお、丹生神社では四月、「上丹生の曳山茶碗祭」（県指定無形民俗文化財）が行われる。

（大谷）

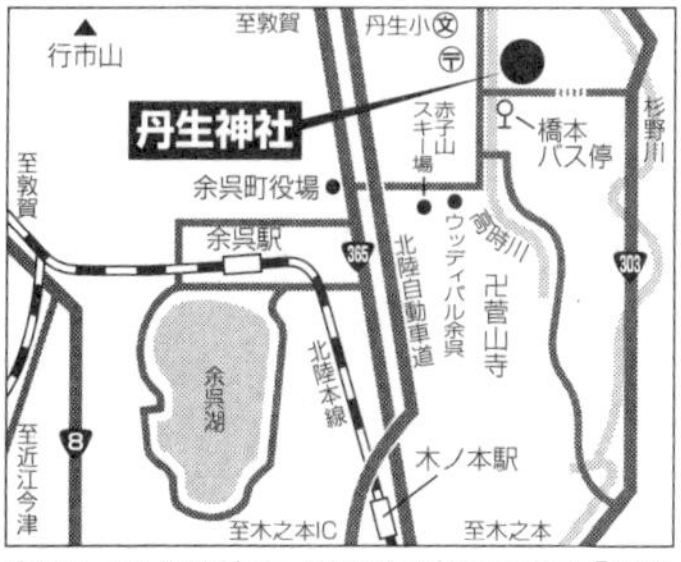

交通：JR北陸線木ノ本駅から近江バス「菅並（洞寿院）」方面行乗車「橋本」下車すぐ（便数僅少）。**照会先**：余呉町役場（0749-86-3221）

15

朝日山神社《あさひやまじんじゃ》

近江高天原伝説の地・山本山の鎮守

東浅井郡湖北町山本

　山本山を背にした朝日郷は古くから開けた土地といわれてきた。湖岸に近い山本山は、この地方のどこから見てもお椀を伏せたようにまろやかな山容で知られる。平安期、最澄が山頂に白山比売《ひめ》神を勧請し、この地の武将山本義経が中腹に源氏の守護神八幡宮を奉斎したといわれ、一間社流造の現社殿は天永年間（一一一〇～）の建造と伝えられている。

　国道八号の湖北町速水から西に入るが、山本の集落に入ると神社の位置が少しわかりづらい。朝日山神社の大きな碑から桜並木を一〇〇《メートル》も行くと石の鳥居に出る。御神木のスギやタブノキ、サカキなどに囲まれて本殿がある。『近江名木誌』（一九一三）に記載された「願の木」はタブノキで、新田義貞が北陸遠征の折、武運を祈り、この木を植えて以来、里人は「満願成就の木」としてこれを伝えているという。タブノキは湖北町の木でもある。

　裏山の山本山（朝日山）は城趾で、阿閉貞征《あつじさだゆき》（？～一五八二）

御神木のスギ（本殿裏側）

も城主の一人であった。阿閉貞征は淡路守といい、はじめ浅井氏に仕えていたが、後に織田信長に降り、主家浅井家を滅亡に導いた。その後、羽柴秀吉の与力となったが、本能寺の変後、明智光秀に加担し、最後は秀吉のために殺されている。この地もまた戦国武将たちが去来した修羅の巷だったのである。

朝日山神社境内

余呉川から引いた水が民家の軒を流れている。一段低くしつらえられた水洗い場がある。今はもう使われていないようだが、里人のかつての生活の場がひっそりと残されていた。

（小山）

交通：ＪＲ北陸線河毛駅より湖国バス「山本」下車。**照会先**：朝日宮司宅（0749-79-0023）、湖国バス（0749-22-1210）

16

都久夫須麻神社《つくぶすまじんじゃ》——東浅井郡びわ町早崎

神仏習合の名残をとどめる聖なる島・竹生島の森

琵琶湖北部・葛籠尾崎《つづらおざき》の沖約二キロに位置する竹生《ちくぶ》島は、周囲約二キロと小さいながら、全島が湖底からそそり立つ巨大な花崗岩類からなっており、最高点の標高は一九八メートル（湖面からの高さ一一三メートル）もある。謡曲『竹生島』に「緑樹影沈んで」と詠われているように、古来竹生島は聖域として鬱蒼《うっそう》と茂る照葉樹林によっておおわれていたと思われる。

島には日本三弁財天の一つを本尊とし、西国三十三ケ所観音霊場第三十番札所としても知られる宝厳寺と、『延喜式』に名のある古社・都久夫須麻神社があり、島全域が国の史跡・名勝に指定されている。わずかな土産店が軒を連ねているほかに民家はなく、全島が社寺境内となっており、竹生島はさながら湖面に浮かぶ神聖な森のようである。

島の植生を概観すると、尾根筋から東側の比較的緩やかな斜面には広い範囲でスギやヒノキが植えられ、また、社寺の裏山にはモウソウチクやマダケの植林があるが、西側や南側（船着場の背後）などの急斜面にはタブノキやシイ、ウラジロガシ、シラカシ、アラカシ、シロダモ、ヤブニッケイ、モチノキ、ヤブツバキなどからなる照葉樹林が茂り、湖面に深緑の影を落とし

タブノキ、シイなどの自然林が残る竹生島（右手に都久夫須麻神社）

ている。島最大のタブノキ（樹高約十五メートル、胸高周囲約五四〇センチ）は山頂から五十メートルほど南の尾根筋にある。林床には北方系のチマキザサが多いのが特徴である。

しかし、近年、カワウの大繁殖によって、大量の糞が樹木に付着して枯れたり、巣作りのため木の枝が折れたり、土壌の窒素過多などによる被害がスギやヒノキ、タブノキ林を中心に広がっている。

島の南東部を中心にイロハモミジが多く、晩秋には深緑の間に色づいた紅葉が、落ち着いた美しさを見せている。（大谷）

交通：長浜、彦根、今津、飯浦の各港から遊覧船が出航している。**照会先**：琵琶湖汽船予約センター（077-524-5000）、オーミマリン彦根港営業所（0749-24-0489）、都久夫須麻神社（0749-72-2073）

17

波久奴神社《はぐぬじんじゃ》

古代豪族と戦国武将の哀歓の地

東浅井郡浅井町高畑

この地は小谷城の城下町に近く、北国脇往還もすぐそばを通っている。田川の流域にあり、有史以前から開けた所といわれ、縄文式土器や石棒、石斧などが発掘されている。周辺一帯は浅井氏三代の興亡の地である。また、近くには孤蓬庵や小室城跡があり、小堀遠州ら一族の故郷でもある。

圃場整備された広大な田園を前にして波久奴神社が鎮座している。石の鳥居をくぐるとケヤキ並木の長い参道が続く。本殿まで約一五〇メートル。胸高周囲二メートルを越えるケヤキの大木である。その中にあって一本のヤブツバキの落花がひときわ目についた。ケヤキはこの神域には多くあり、本殿をはさんで表に十三本、裏側に二十一本を数えた。本殿に寄り添うように紅梅の古木が一本あり、堂々としたたたずまいを見せている。点綴《てんてい》するようにヒノキとスギが神木として配されている。

本殿裏に広がるケヤキ林は、シラカシやヤブツバキなども交えて見事な林相だったと思われるが、どういう訳か何本か伐採されてブルドーザーが入ったあとがある。空地にユリワサビが幾株か花を咲かせていて、伐採跡の殺風景さを補っていた。合点のいかない伐採である。

当社は『延喜式』に記載され

樹木に囲まれた波久奴神社拝殿

た古社で、旧社格は郷社である。高皇産霊神《たかみむすびのかみ》を主祭神とし、物部守屋大連《もののべのもりやのおおむらじ》を配祭神としているが、物部守屋の縁について、社伝はこう伝えられている。蘇我馬子に追われてこの地に潜伏した守屋は、その後高畑の欅《けやき》林の萩の茂る地に草庵を建て、萩生翁と称して里人に知識を授け、善政をしいたため、人々はその遺徳を偲び、この地に祠を建てて萩野大明神として崇めたという。

（小山）

交通：ＪＲ北陸線長浜駅より近江バス長浜高山線乗車、約30分で浅井町営バスに乗り換え「高畑」下車（往復ともバス連絡がある）。**照会先**：村井宮司宅（0749-74-2816）、浅井町循環バス（0749-74-3020）

18

松並木の美しい紫陽花の宮

長浜八幡宮

ながはまはちまんぐう

長浜市宮前町

長浜八幡宮の歴史は平安時代後期にさかのぼり、源義家ゆかりの神社と伝えられる。室町時代にはたびたび兵火にあい、荒廃していたところを、長浜城を築かせた豊臣秀吉によって再興され、今日に至っている。また、日本三大山車《だし》祭りの一つに数えられる長浜曳山《ひきやま》祭（国指定重要無形民俗文化財）が行われることでも知られている。

ＪＲ長浜駅から駅前通りを山手の方向に真っすぐに進み、高田町の交差点で左折し、二〇〇㍍ほど進んだところで今度は右折すると、長浜八幡宮にたどりつく。

神社の鳥居をくぐると、参道の両側にアカマツ、クロマツが植えられ、その合間に石灯籠が立っている。境内には「縁の松」と呼ばれる二本の松がある。アカマツ（雌松）とクロマツ（雄松）が互いに支え合うように立っていることから、男女の縁や家庭円満に御利益があるという。本殿や社務所の前にはアカマツの大木があり、ひときわ目立っている。最近松枯れをよく

雌松と雄松の「縁松」

耳にするが、ここの松は手入れがゆき届いているのか、樹勢がよく健在である。

長浜八幡宮参道の松並木

近年、地元の人によってアジサイが奉納され、神社の西側に植えられている。その数は、数十種一万本にのぼり、六月中旬～下旬にかけて境内はアジサイの花で彩られる。長浜八幡宮は「紫陽花の宮」として有名になりつつある。

神域は広く、約四二〇〇〇坪もあり、本殿や社務所の背後にはケヤキやカエデなどの落葉広葉樹の森が広がっている。その他、タブノキやシラカシ、クスノキ、イチョウ、ダイオウマツなども見られる。低木類も豊富で、マツやアジサイはいうまでもないが、こうした樹木にも目を向けてほしいものである。なお、長浜八幡宮の東隣にはフヨウ（芙蓉）の花で有名な舎那院があり、八月中旬に花の盛りを迎える。（和田）

交通：ＪＲ北陸線長浜駅から徒歩約15分。**照会先**：長浜八幡宮（0749-62-0481）。曳山祭は毎年4月13～15日に行われる。

19

荒神山神社《こうじんやまじんじゃ》

火と竈の神をまつる鎮守の森

彦根市清崎町

　彦根市南西部の琵琶湖岸近くに山頂の標高二八四メートル、周囲約八キロの荒神山がある。山頂付近には荒神山神社本殿とテレビ・ラジオの放送塔があり、ここからは琵琶湖や比良山系の絶景が一望できる。また、眼下に広がる水田の碁盤目状の地割は、古代条里制の名残である。山頂へは、南北山麓より自動車道が整備され、参拝も楽になった。

　荒神山の植生はアカマツを主体とする二次林で、コナラ、ネジキ、モチツツジ、ソヨゴなどの樹木が多く生育している。北麓の唐崎《とうさき》神社付近にはスダジイ、クロガネモチ、カナメモチなどの照葉樹が見られる。

　荒神山神社の祭神は火産霊《ほむすびの》神《かみ》、奥津日子神《おくつひこがみ》、奥津比売神《おくつひめがみ》で、古来「火の神」「竈《かまど》の神」として、湖東地方の人々の信仰を集めている。境内には、行基菩薩が奥山寺（荒神山）の伽藍成就の後、伊勢神宮に参拝し、外宮の神木・宇賀璞（ウガダマ）の実を持ち帰って社頭に植えられたという木があり、御神木になっている。この木はタブノキで、ウワミズザクラやタカノツメ、ケヤキ、ノキシノブなどが着生して老木の域に入っており、一説には樹齢一二〇〇余年ともいわれる。

　この神社は天智天皇の時代に犬上、愛知、蒲生、神崎四郡の祓《はらい》殿《どの》および御祈所と定められた。
水無月祭の神事が当時のようすがを今日に伝えている。満三歳までの男女幼児を対象に神楽を奉納し、火の災難を避けられるよう、わが子の安全を祈願する。また、本殿前に設けられた茅《ち》の輪をくぐり、汚れを浄め、疫病払いをする。毎年大勢の参詣者でにぎわう。

荒神山の東～北麓には県立荒神山少年自然の家や彦根市子どもセンターなどの施設があり、オリエンテーリングやウォークラリーなどを通して豊かな自然に親しみ、文化を探索して青少年の情操を育む場を提供している。荒神山は、彦根市民をはじめ広く県民に崇められ親しまれる鎮守の森となっている。

（菊井）

荒神山神社の御神木・璞の木（タブノキ）

交通：ＪＲ琵琶湖線河瀬駅または稲枝駅よりタクシーで約15分。**照会先**：荒神山神社（0749-43-5545）

20

多賀大社《たがたいしゃ》

県下最多の参拝者を誇る「お多賀さん」

犬上郡多賀町多賀

「お多賀さん」と親しみを込めて呼ばれる多賀大社は、犬上川と芹川にはさまれた山裾に位置し、荘厳な社叢林に囲まれている。祭神は伊邪那岐命《いざなぎのみこと》（男神さま）、伊邪那美命《いざなみのみこと》（女神さま）の男女二神で、日本の国づくりをされた祖神《おやがみ》様とされている。延命長寿、病気平癒、縁結び、厄除など人々の願いも多種多様で、年間二〇〇万人にのぼる参詣者や観光客が全国から訪れ、その数は県下最多を誇っている。

約一万八〇〇〇坪の広い境内には、胸高周囲三メートルを越すスギなどの大木が七十数本も林立し、鬱蒼《うっそう》とした杜（鎮守の森）を形成している。林内には約二〇〇種の植物が生育しているが、暖温帯性と冷温帯性の植物が混在しており、興味深い植物相となっている。暖温帯性の植物としては代表種のシイのほか、シラカシ、ジュズネノキ、カラタチバナなどが、また、冷温帯性の植物としてはワサビ、ミヤマカタバミなどが見られる。

社をまつる神木には、「イモロギ」（ケヤキの大木）、「箸の木」（スギの大木）、「飛ノ木」（カツラ）などがある。この恵まれた自然は小鳥たちにとっても安息地になっており、シジュウカラ、ヤマバトなど数十種の

スギを中心とした多賀大社の広大な社叢林

野鳥の鳴き声を耳にすることができる。

主な神事としては二月の節分祭、鎌倉時代から続く豪華けんらんの祭り絵巻を繰り広げる四月の古例大祭（多賀祭）、さらに六月の御田植祭や一万数千燈の献燈が飾られ幽玄の境を現出する八月の萬燈祭、八月下旬〜九月の莚寿祭、古知古知相撲などが知られている。

「お多賀しゃくし」は、元正《げんしょう》天皇が病気全快を祈り、シデの木で作った杓子を神供の飯に添えて献上されたところ、快復された故事にちなんで始まったといい、無病長寿のしるしとして古くから授与されている。

（渡部）

交通：ＪＲ琵琶湖線彦根駅、米原駅より近江鉄道本線下りに乗車、高宮駅で多賀線に乗り換え「多賀大社前」下車徒歩約10分。照会先：多賀大社（0749-48-1101）

21

阿自岐神社《あじきじんじゃ》

境内全体が庭園になっている鎮守の森

――犬上郡豊郷町安食西

豊郷町の北端、安食西《あんじきにし》の集落から道路を隔てた田園地帯に鎮座する阿自岐神社は、境内全体が庭園になっており、社殿を中心に東西に池がある。池には大小多数の島を配置しており、石橋を通して歩いて渡れる。このような池泉多島式庭園が作庭されたのは上古時代と推定され、原形をとどめているのは全国でも数少ないといわれている。作庭史上貴重な庭園として、一九六〇年（昭和三十五）に県の名勝庭園に指定された。

約五七〇〇坪の広い境内にはスギの大木をはじめ、ケヤキ、クロガネモチ、カゴノキ、サカキ、ヤブツバキなどの樹木が生育している。また、池中の島には樹齢数百年といわれる御神木の老杉もある。春には桜、秋には紅葉、冬には寒椿と四季を通して美しい庭園が見られ、池面に映る景色は幻想的でさえある。周囲の田園景観とも調和し、全体として雄大な鎮守の森を形成している。

祭神は味耜高彦根神《あぐすきたかひこねのかみ》と道主貴神《みちぬしむちのかみ》で、社伝によれば景行天皇の時代に犬上君が創建したと伝えられている。また、渡来系氏族の阿直岐氏がまつったともいわれる。『延喜式』神名帳に記載の犬上郡七座の「阿自岐神社二座」はこの神社と思われ、古くから産土神《うぶすな》として土地の人々

阿自岐神社の春季大祭（大太鼓の勇壮な宮入り）

の崇敬を集め栄えてきた。地名の「安食」はこの社名に由来し、「食物が豊富で安住できる地」の意味である。昔は池中より「しょうず」と呼ばれる湧水があり、この清水が農業用水として大いに利用され、安食の里を実り豊かにし、深遠幽雅な庭園を形成した。

　四月に春季大祭が行われるが、子どもを乗せた直径二メートルにもおよぶ大太鼓を乱打しながらの勇壮な宮入りは見ものである。また、稚児による神饌奉納の儀式や古式ゆかしい雅びな装束の渡御も興味深く、春の訪れを告げるのにふさわしい祭である。

（菊井）

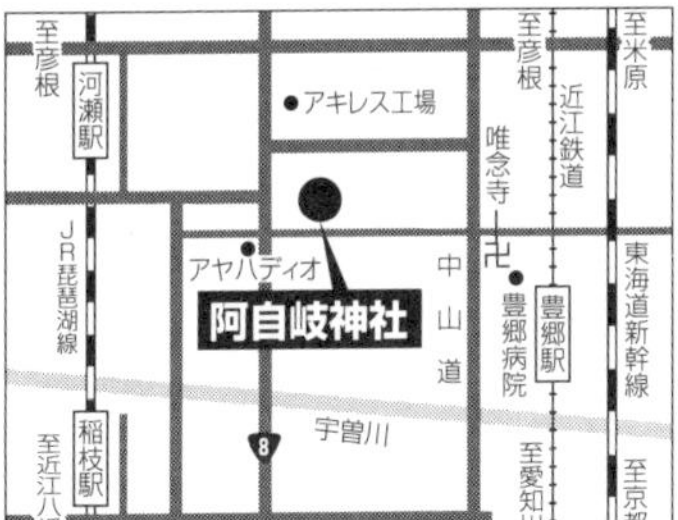

交通：ＪＲ琵琶湖線河瀬駅よりタクシーで約5分。**照会先**：阿自岐神社（0749-35-2743）

22

甲良神社《こうらじんじゃ》

「尼子」姓発祥の地に群生するダマカシ

犬上郡甲良町尼子

バサラ大名として名をはせた佐々木道誉は、甲良町勝楽寺を拠点とし、孫の高久は尼子郷《あまご》に城を構えた。その次男持久は雲州尼子氏を名乗って山陰地方で勢力をふるい、NHK大河ドラマ（一九九八年）で放映されたように毛利元就と一戦を交え、屈することとなった。

全国「尼子」姓発祥の地にあるこの神社は、主祭神武内宿禰命《たけのうちすくねのみこと》をまつり、神社の紋章は佐々木氏の四つ目紋である。本殿左にまつられる旧本殿は、一六三四年（寛永十一）の造営で、彫刻などは室町期の作風を伝えるものとして、国の重要文化財に指定されている。

境内地四〇〇〇坪を誇る町内最大の鎮守の森には、ケヤキを最高木として、ウラジロガシ、アラカシ、クスノキ、エノキ、植栽樹のスギなど数多くの大木が信仰の歴史を刻んでいる。なかでも最も多く生育するカゴノキは、樹皮が薄片状にはがれ、木肌がまだら模様になることから「鹿子の木」の名があり、暖かい地方に生育する常緑高木である。雌株は翌年赤い実をつける。この木を宮司さんは、「ダマカシ」と呼ばれるのがおもしろい。その所以《ゆえん》は、この木がタブノキ（ダマとかダマノキともいう）とカシに似ているからではないだろうか。

この森も台風などによりやむ

なく伐採せざるを得ない場合もあったが、あまり人の手を加えず管理されてきたおかげで、スギやヒノキに比べ利用価値の低いカゴノキの実生も老木も守られ、世代交替が行われている。

神社から北西五〇〇メートルに位置する御旅所《おたびしょ》にも、ケヤキやアラカシ、カゴノキなどの高木が小さな森を形成している。

甲良神社境内に多い「ダマカシ」（カゴノキ）

　また、東へ伸びる広い参道は、春の例祭に際して最初に住泉寺へ参詣するための道で、「神通り」と呼ばれ、今もわずかに残るケヤキとクロマツの並木が神仏習合であった往時をしのばせている。

（森）

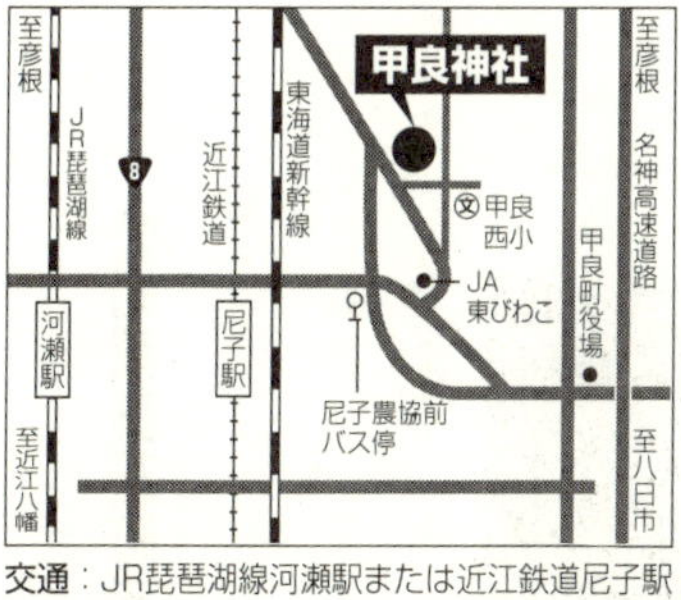

交通：JR琵琶湖線河瀬駅または近江鉄道尼子駅から湖国バス萱原行「尼子農協」下車、徒歩5分。
照会先：甲良神社（0749−38−2462）

23

軽野神社《かるのじんじゃ》

湖東地方最大級のシイ林におおわれた鎮守の森

愛知郡秦荘町岩倉

軽野神社は、奈良時代の『日本書紀』や『風土記』などにもその名が出てくる古社である。古くは春日大明神や軽野春日二社大明神、安孫子大明神、樫木之宮などと呼ばれていたが、一八七六年（明治九）に現在の軽野神社と改称された。

国道三〇七号沿いには南から百済寺、金剛輪寺、西明寺という有名な湖東三山があるが、その真ん中の金剛輪寺口の交差点を山手と反対側（西側）に約一キロほど行くと、左手に広大な鎮守の森をもつ軽野神社がある。

境内地は約五四〇〇坪もあり、社殿や広場を取り囲むように鎮守の森が鬱蒼《うっそう》と茂っている。高木層を形成する樹木はシイのほか、スギやヒノキで、樹高は二十メートルをこえ、幹の直径も大きいものは一メートルに達する。スギはやや樹勢が衰えているものもあるが、シイは健在であり、毎年五月中旬から下旬にかけて、黄金色の花をつける。そし

春の例祭（1999年は雨の中で催行された）

て十一月頃には、熟した実を地上に落とし、それが小動物の貴重な食糧となっている。シイの実は十分にいれば、おいしく食べることもできる。

林内にはツクバネガシ、サカキ、ヒサカキ、ネズミモチ、アオキなどの常緑樹のほか、ヤマウルシ、クサギなど里山で普通に見られる樹木が生育している。

この地方のシイ林は、日本で最も内陸部に発達した気候的な極相林と考えられる。軽野神社の鎮守の森は、二〇〇〇年くらい前の原植生の一端を今日にとどめる貴重な遺産として、後世に伝えたい大切な森である。（和田）

軽野神社の御神木・シイ

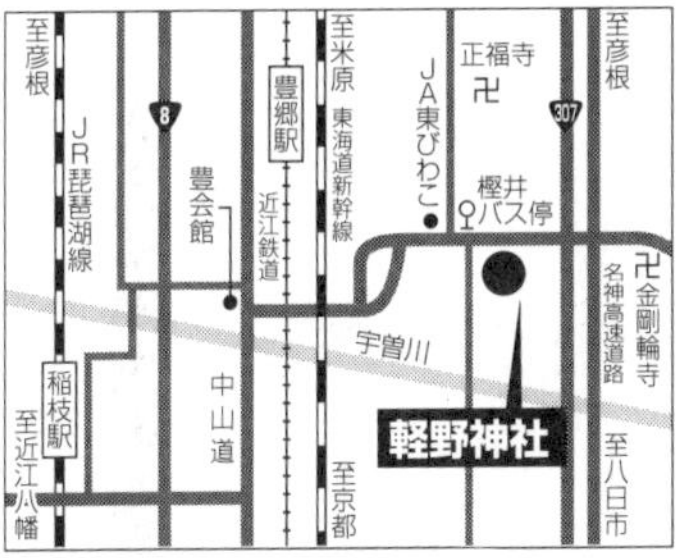

交通：ＪＲ琵琶湖線稲枝駅より近江バス「金剛輪寺荘」行樫井下車すぐ（1日に数本程度）。
照会先：秦荘町役場（0749-37-2051）

24

押立神社《おしたてじんじゃ》

押立十七郷の鎮守「大宮さん」

愛知郡湖東町北菩提寺

押立神社は湖東町北菩提寺の田園地帯にあり、境内は約一万二〇〇〇坪もの広さがある。一九八九年（平成元）に滋賀県自然環境保全条例に基づいて、緑地環境保全地域に指定されている。森の北部（大門より北）はシイやヒノキを交えた森で、五月には森全体がシイの花で卵色になり、遠くからでもよくわかる。森の南部（大門より南）はヒノキが中心で、コナラの大木が所々にある。土壌は粘土質でやせているため、樹齢七十年ほどのヒノキでも直径二十数センチぐらいにしかならない。一九九八年（平成十）秋の台風で、多くのシイやヒノキ（参集殿の前にあった御神木のヒノキも）が倒れ、森の一部が荒れた状態になっている。

鳥居をくぐり参道を進むと参集殿が左にあり、中央に大門、その奥に拝殿、本殿と並んでいる。大門は四脚門入母屋造り檜《ひ》皮《わだ》葺《ぶ》きで一三五七年（延文二）に、また、本殿は三間社流造一門向拝附檜皮葺きで一三七三年（応安六）にそれぞれ造営された。大門、本殿ともに国の重要文化財に指定されている。

祭神は火産霊神《ほむすびのかみ》（鎮火《ひぶせ》の神）と伊邪那美命《いざなみのみこと》（縁結びの神）で、氏子は押立十七郷（現在は十八郷）の一二〇〇戸におよび、広く崇敬を集めている。月に一回

広大な社叢林に囲まれた押立神社

押立神社大門（国重文）

は祭事が行われているが、毎年四月二十四日の春のお祭りには二基の御輿が繰り出す。また、数年前から万灯祭が八月十三～十五日に行われるようになった。さらに、六十年に一回行われる「ドケ祭」という奇祭がある。（井田）

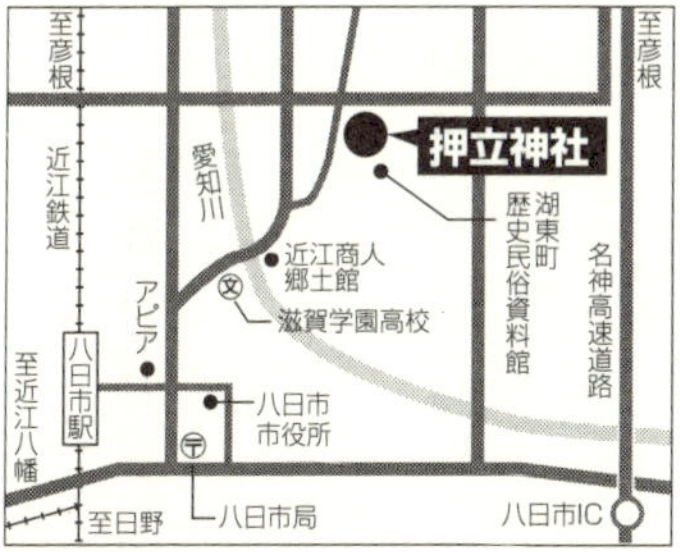

交通：近江鉄道八日市駅よりタクシー約10分。
照会先：押立神社（0749-45-2094）

25

大城神社《おおしろじんじゃ》

近江商人のふるさとの森

神崎郡五個荘町金堂

五個荘町金堂《こんどう》といえば、江戸時代から昭和初期にかけて多くの近江商人を輩出した集落で、古い町並みに豪商の本宅群や社寺仏閣が今も保存されている。集落の東端には近江商人の鎮守・大城神社がある。境内は四七九八坪あり、スギを中心とした社叢林を形成している。胸高周囲四㍍を越えるスギの大木も数本見られる。林内にはカクレミノをはじめ、サカキ、ヤブツバキ、アラカシ、ニセジュズネノキなどの照葉樹も多数生育している。

主祭神は高皇産霊神《たかみむすびのかみ》や菅原道真公で、氏子は金堂集落の約二〇〇戸からなっている。近江の守護職佐々木氏の観音寺城の艮《うしとら》の方角（鬼門）にあたることから、守護神として崇敬されたので艮堂とも呼ばれている。

この神社の春祭りは「五箇まつり」とも呼ばれ、昔は四月二十日を本日《ほんび》として五箇郷七ケ村（金堂・竜田・北町屋・石川・川並・塚本・七里）が合同で行っていた。本日には各村より御輿が出て、大城神社に参拝渡御を

菅原道真公がまつられている

行うという盛大な祭りであった。しかし、現在では四月の第三日曜日に各村ごとに行われている。また、九月十四・十五日には秋祭りが行われる。十五日には一八六〇年（万延元）に築造された「万延楼」と呼ばれる曳山が出ていた（現在は蔵の戸を開けるのみ）。同じく十五日には氏子の子ども相撲が行われている。

（井田）

近江商人のふるさとの森

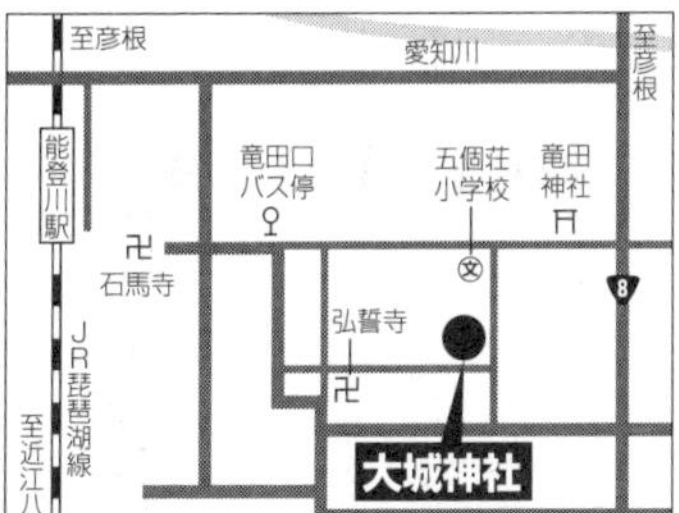

交通：ＪＲ琵琶湖線能登川駅より近江バス八日市方面行「竜田口」下車徒歩5分。**照会先**：五個荘町観光協会（0748-48-6678）

26

巨杉そびえ立つ木地師ゆかりの鎮守の森

大皇器地祖神社《おおきみきぢそじんじゃ》——神崎郡永源寺町君ケ畑

　愛知川上流、お茶で名高い政所《まんどころ》から御池《おいけ》川渓谷（小椋谷）をさらに上流へと進むと、箕川《みのかわ》、蛭谷《ひるたに》を経て君ケ畑《きみがはた》の集落が現れる。集落の中心には、スギの巨木がそびえ立つ大皇器地祖神社の森がある。裏山を含めて約六二〇〇坪の広い境内には、樹高三十メートルを越えるスギを中心に、モミやヒノキ、イチョウ、ケヤキなどの大木が生育しており、裏山を借景に全体として壮大な鎮守の森を形成している。

　この神社の森について、『近江愛智郡志』（一九二九）には「周囲丈余（約三〇三センチ）の老樹鬱蒼《うっそう》として林立し、あたかも原始林のごとく。最も巨大なる杉樹は囲り三丈（約九メートル）に達す」と記されている。現在、鳥居横のこの巨杉は枯損して、二代目が育っている。

　ところで、蛭谷から君ケ畑にかけての小椋谷一帯は、平安時代の初期、文徳天皇の第一皇子として生まれながら皇位継承争いに敗れ、都落ちした惟喬《これたか》親王が幽棲《ゆうせい》された地として知られている。君ケ畑はもとは小松ケ畠と称していたが、後に親王をしのんで、現在の地名に改められたという。蛭谷の筒井神社とともに、惟喬親王を主祭神としている。

　惟喬親王は村人たちに、茶の栽培や薬草の知識とともに「ろくろ」を使ったお椀やお盆などの器づくりの技術を伝えたとされる。こうした技術をもった人たちを木地師というが、小椋谷の地から木地師たちは良材を求めて全国各地に移り住んでいった。以来、親王を木地の祖神とし、全国木地の発祥地として、この神社は篤く信仰され、守られてきた。

かつて信州で出会った木地師さんは小椋姓だったし、宮城遠刈田のこけし集落には惟喬親王を描いた筒井神社の掛軸があった。木地師のルーツは確かにこの地にあるようだ。（大谷）

スギの巨木がそびえたつ木地師ゆかりの鎮守の森

交通：ＪＲ琵琶湖線能登川駅または近江鉄道八日市駅から近江バス「永源寺車庫」行終点下車、タウンバス乗換（便数僅少）。**照会先**：永源寺町役場（0748-27-1121）

27

河辺林がつくる鎮守の森

河桁御河辺神社《かわけたみかべじんじゃ》

——八日市市神田町

三重県境に近い鈴鹿山系に源を発する愛知川は、上流に幽棲《ゆうせい》された惟喬《これたか》親王にちなみ、「御河」と呼ばれた時代もあった。その中流部に鎮座するこの神社は、天湯河桁命《あめのゆかわけたのみこと》、瀬織津姫《せおりつひめ》、稲倉魂命《いなくらだまのみこと》の三神をまつり、水の恵みに生活をゆだねてきた人々の産土神《うぶすながみ》として今日まで広く信仰されている。神社の紋章は水田雑草のオモダカであり、小正月には小豆粥《あずきがゆ》で一年の作柄を占う。また、春祭りには五穀を包んだヤナギの幣（ヌタ）を持って渡行するが、雨や雪が降ると豊作との言い伝えがある。

約三〇〇〇坪の雄大なこの「河辺の杜」は、永年にわたって崇敬者の手により守り育てられてきた。一九七八年（昭和五十三）には全域が市民の貴重な財産として八日市市の保護樹林に、また、一九八八年（昭和六十三）には樹齢二五〇年以上のケヤキ九本が県の有用広葉母樹林の指定を受けている。

愛知川の防災林として植栽されたスギ、ヒノキをはじめ、河辺林を代表する樹高三十メートルのケヤキ、冬の樹形が幾何学模様をなすムクノキ、丸みを帯びた刺のある暖地性高木のカラスザンショウ、さらに落葉した冬の森で存在感を示す常緑広葉樹のタブノキやアラカシ、カゴノキなど多様な樹木が生育し、どれも見事に樹齢を重ねている。林内には照葉樹を代表するヤブツバキが群生し、市内では数少ないコブシやゴマギが自生している。

ケヤキをはじめ多様な樹木が生育する御河辺神社の森

　コブシが開花する早春の林床にはセントウソウ、コンロンソウ、クサソテツなど冷温帯山地性の植物が多く見られる。また、野鳥が飛び交い、キツネの親子が戯れる姿を目にすることもある。ウバユリとヤブミョウガの真っ白い花が涼を誘う頃にはツルニガクサやミズヒキ、ハエドクソウ、ヤナギイノコズチ（絶滅危惧種）、ミズタマソウ、ムカゴイラクサなどこの森ならではのにぎわいを見せる。

　さまざまな木々が織り成す「河辺の杜」は草花の宝庫であり、また、多くの命を育んでいる場でもある。

（森）

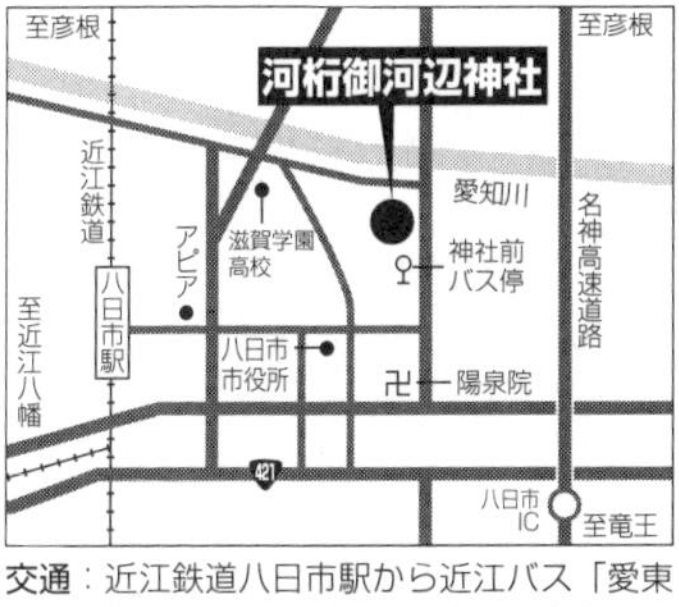

交通：近江鉄道八日市駅から近江バス「愛東町循環」御河辺神社前下車すぐ。**照会先**：河桁御河辺神社（0748-22-2241）

28

若松天神社《わかまつてんじんしゃ》——八日市市外町

近江の歌枕として和歌に詠まれた若松の杜

　近江鉄道八日市駅から駅前を東へ進むと、クスノキ並木の官庁街に出る。欧風建築の八日市市役所を右に見てなおも歩みを進めると、鬱蒼《うっそう》と茂った鎮守の森が現れる。スギの高木がそびえ立つ若松天神社の森である。

　この神社の由緒について、『社記』には「神護景雲元年（七六七）、常陸の国鹿島の神が伊賀の国名張郡夏身郷を経て大和の国に遷り給う途次、仮のご座所を設けられ、その時に植えられた若松がたちまちに大樹となり繁茂したので、同四年（七七〇）、神殿を造り、香取の神を勧請した」とある。祭神は武《たけ》甕槌神《みかつちのかみ》、経《ふ》津主命《つぬしのかみ》であるが、『近江輿地志略』には「祭神は天満天神なり。俗に若松天神と称するが、春日明神なり」と記されている。

　氏子らは長年にわたってこの森の保護育成に努めてきた。若松天神社の森は、「若松の杜」や「天神の森」などと呼ばれて、風光が優れていたので都にも知られ、平安貴族によって和歌にも読まれるほど著名であったという。

聞くにさえ涼しくなりぬ若松の

　杜の梢の風のしらべに

　　顕仲卿（堀川百首）

　現在、この森の面積は約三万六〇〇〇平方メートルあり、樹高二十～三十メートルのスギ、ヒノキを中心とした樹林を形成している。台風などによりかつての巨木は失われ、胸高周囲三メートルを越えるスギはわずか四本と少ないが、田園と住宅に抱かれ、市街地にあって市民に貴重な緑を提供している。最大のスギは胸高周囲四三三センチ、樹高三十三メートルと記録されている（一九八六）。

この森は行政ニュータウン（官庁街）の開発によって分断され、縮小された。一九八三年（昭和五十八）三月、八日市市の保護樹林に二次指定されている。

（村井）

勧請縄が張られた参道

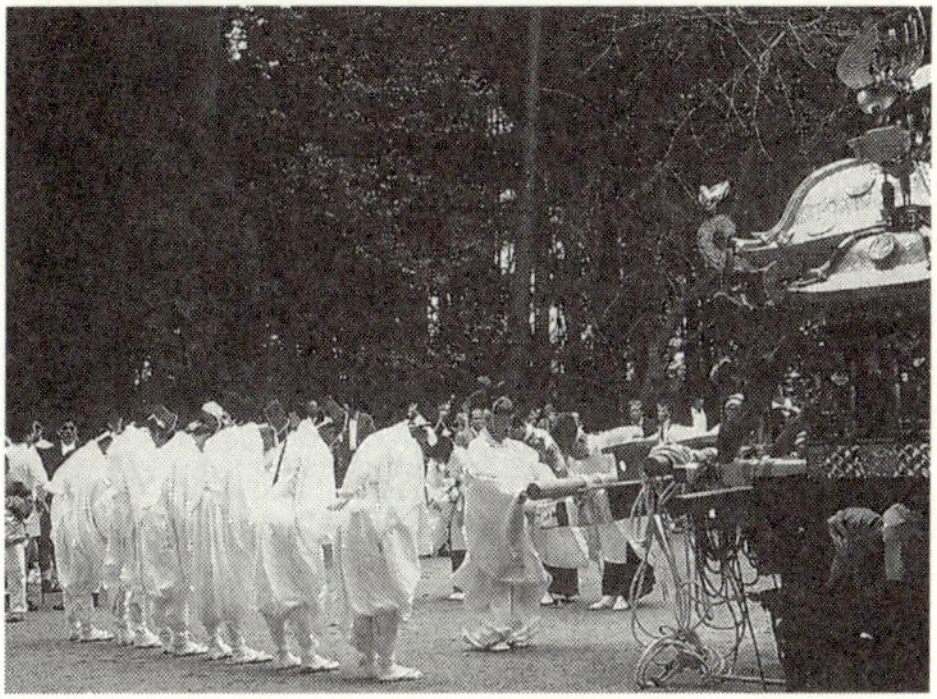

若松の杜は河桁御河辺神社例祭のお旅所

交通：近江鉄道八日市駅より近江バス「愛東町循環」市役所前下車。**照会先**：八日市市役所（0748-24-1234）

29

奥石神社《おいそじんじゃ》

古からの歌の名所・老蘇の森

蒲生郡安土町東老蘇

繖山《きぬがさやま》の南約一キロ、国道八号沿いに、平地の森としては全国で初めて国の史跡に指定された「老蘇《おいそ》の森」がある。

『奥石神社本記』には「昔この地は、地割れや洪水が多く、人の住める所ではなかったが、孝霊天皇の御代、石部大連《いしべのおおむらじ》が、地割れを止めようと、松や杉の苗を植えたところ、たちまち大森林になった」と記されている。

平安時代以降は、中山道の歌枕としてその名をはせた。

一声は思い出に泣けほととぎす
おいその森の夜半《よは》の昔を
（平家物語）

夜ならば老蘇の杜の郭公《ほととぎす》
今もなかまし忍び音のころ
（本居宣長）

その他、物語に、和歌に、紀行文にと数多く登場する。

森は鬱蒼《うっそう》と茂るスギ、ヒノキ林で、シイ、サカキ、ヤブツバキ、シュロも多い。また、ユズリハ、アオジクユズリハ、エノキ、センダン、カラスザンショウなども混生する。林床にはテイカカズラのほか、ベニシダ、オオベニシダ、リョウメンシダなどのシダ植物が目立つ。御神木のスギは森で一番の太さを誇り、胸高周囲は四八二センチもある。

木立の奥に、『延喜式』式内社である奥石神社の社殿が立ち並ぶ。三間社流造、檜皮葺《ひわだぶき》の本殿は、一九〇二年（明治三十五）

に特別保護建造物に指定され、現在は国の重要文化財になっている。一九六一年（昭和三十六）から、前年の台風で倒れた境内のヒノキを使って拝殿の改築が行われ、六十三年に竣工した。

毎年四月初めに、春の大祭・管絃渡御が行われる。

東側の老蘇公園には、一九〇〇年（明治三十三）二月に桜一五〇本が植えられ、桜の名所となった。今も春は桜、秋は紅葉に染まり、近隣の幼稚園や小学校から遠足に訪れる。

なお、老蘇の森は県の緑地環境保全地域に指定されている。（山出）

奥石神社参道（勧請縄が吊られている）

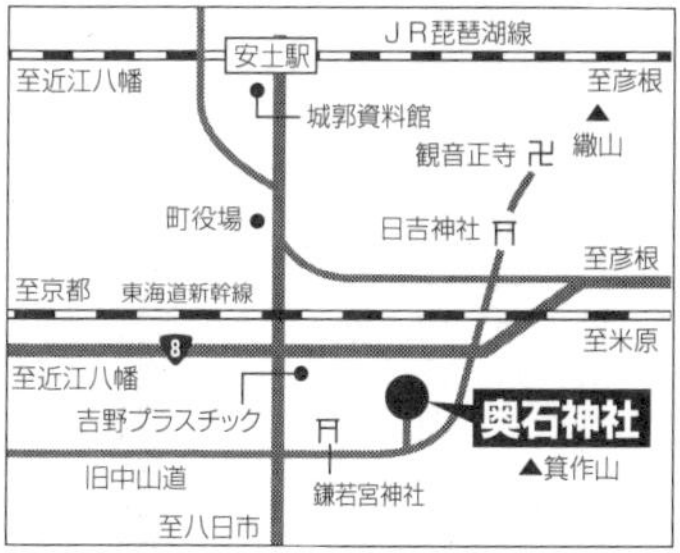

交通：ＪＲ琵琶湖線安土駅からタクシーで10分。照会先：奥石神社（0748-46-2481）

30

ヤブツバキに囲まれた鎮守の森

沙沙貴神社《ささきじんじゃ》

蒲生郡安土町常楽寺

沙沙貴神社はJR安土駅の南方に鬱蒼《うっそう》とした社叢林につつまれて鎮座し、全国にまたがる佐々木氏の氏神として尊崇を集めている。古くは「沙沙貴の郷（篠笥郷《ささけごう》）」または「佐佐木庄」と呼ばれた佐々木六角氏の本拠地を守る神社とされ、『延喜式』神名帳にもその名が見られる。祭神は「少彦名神《すくなひこなのかみ》」「大毘古神《おおひこのかみ》」「仁徳天皇」「宇多天皇」「敦實親王」である。上出、中屋、常楽寺、小中、慈恩寺の各集落五〇〇戸の氏子によって「沙沙貴十二座神事」「御輿三社の神事」「大松明奉納の神事」などの例大祭「沙沙貴祭り」が四月に行われるのを始め、月ごとの神事や式年祭などいずれも古式ゆかしくとり行なわれる。

一五八二年（天正十）、明智光秀軍による安土城攻撃の折に、焼かれ、荒れ果てたと伝えられている。現在の建物は、佐々木氏ゆかりの四国丸亀藩主京極氏により江戸時代に再建された。

樹林面積約一万七〇〇〇平方メートルの広い社叢林はスギ、ヒノキの大木を中心とし、亜高木層に、シイ、アラカシ、モチノキ、サカキ、ヤブニッケイ、カゴノキなどの照葉樹を多数含んでいる。北西の県道に面した林縁にはヤブツバキが森を取り囲むように生育しており、春先には多くの花をつけ見事である。また、田園に面した南西部分にはシイの大木がたくさん茂っており、現在の針葉樹主体の樹林からやがて照葉樹林（自然林）へと推移していくと思われる。

　一方、南の参道周辺にはケヤキの大木が多数生育しているほか、ムクノキやクスノキなども見られる。林内には花木や山野草が植えられているが、その一角にウラシマソウ自生地がある。

　西に少し離れると、周囲に住宅地が広がってきているが、近くに浄厳院の森や楼門が見え、水田と森の調和した景観が味わえる。

（青山）

落椿も美しい沙沙貴の森（廊門付近）

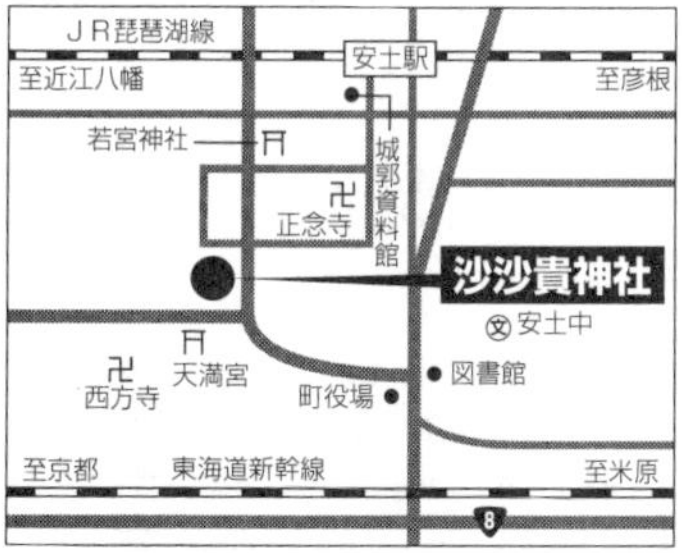

交通：ＪＲ琵琶湖線安土駅から南に徒歩約10分。**照会先**：沙沙貴神社（0748-46-3564）

ウラシマソウの花

31 日牟禮八幡宮《ひむれはちまんぐう》——近江八幡市宮内町

二大火祭「左義長祭」と「八幡祭」が行われる鎮守の森

日牟禮八幡宮の起源は古く、『古事記』や藤原不比等《ふひと》の歌などにもその名が登場する。その頃の社は鶴翼山《かくよくさん》（八幡山）の山上（上社）と山麓（下社）に分かれていたが、一五八五年（天正十三）の八幡城築城に際して現在の場所に合祀されたと伝えられている。

日牟禮八幡宮には、ともに国選択無形民俗文化財の二大火祭がある。三月の左義長《さぎちょう》祭は四〇〇年の歴史があり、藁《わら》で作った山車《だし》の上を赤紙や吉書などで飾り、女装した若衆の掛け声とともに町内を練り歩き、境内で奉火する。また、四月の八幡祭は一〇〇〇年以上の歴史を誇り、宵宮祭には大小の松明と仕掛け花火による火の宴が、本祭には大太鼓の渡御が繰り広げられる。

本殿裏には屏風岩がそびえ立ち、鏡池が厳かな雰囲気を醸し出している。約一万四〇〇〇坪の広い境内にはさまざまな樹木が生育している。落葉樹のケヤキ、ムクノキ、エノキ、イロハモミジ、イチョウ、常緑樹のタブノキ、クスノキ、モチノキ、ヤブツバキ、ウバメガシ、サカキ、サザンカ、ゲッケイジュ、針葉樹のスギ、コウヨウザン、イヌマキなどが見られる。コウヨウザンは中国南部～インドシナ原産のスギ科の常緑高木で、

八幡祭（本祭・大太鼓の渡御）

江戸時代末期に渡来し、神社などに植えられていることが多い。

　裏山の鶴翼山の主な植生はアカマツやコナラの二次林やヒノキ、スギの植林である。山道を登るとアラカシ、ソヨゴ、カナメモチ、サカキ、ヒサカキ、アセビなどの常緑樹、リョウブ、タカノツメ、ネジキ、マンサク、クリ、ナツハゼ、ムラサキシキブ、ガンピ、モチツツジ、ホツツジ、コバノミツバツツジなどの落葉樹、シシガシラ、ベニシダ、コシダ、ウラジロ、ゼンマイなどのシダ植物、フユイチゴ、ツルアリドウシ、サルトリイバラなどのつる植物が生育していて、自然観察には格好の山である。

（渡部）

交通：ＪＲ琵琶湖線近江八幡駅より近江バス長命寺行「大杉町」下車すぐ。**照会先**：日牟禮八幡宮（0748-32-3151）

32 杉之木神社

すぎのきじんじゃ

「ケンケト祭」で知られる鎮守の森

蒲生郡竜王町山之上

　毎年五月三日、隣接の宮川地区（蒲生町）と合同で春の例祭が行われる。社前では鉦《かね》や太鼓の音に合わせて長刀《なぎなた》振りが奉納される。いわゆるケンケト祭（国選択無形民俗文化財）で、珍しい祭りとして終日にぎわう。

　境内は砂上の熊手のあと美しく掃き清められ、高木の間に青空が見えて印象深い。この森はスギが数えるほどしかなく、ほとんどがシイの高木や幼木で構成された典型的なシイ林である。ところが残念なことに、一九九八年（平成十）九月の台風被害後、境内の東南部約五〇〇平方メートルほどがキレイさっぱりに伐採され、参道側に改修されたコンクリート溝がまっすぐに走っている。将来は植林されるのだろうが、現在では草一本生える余地がないほど、きちっと整備されている。

ケンケト祭

　さみしい鎮守の森の一面であるが、本殿の周辺はシイの高木が林立し、梢の傘状の緑の数々が青空に映えて美しい。林内にはアカメガシワやヨウシュヤマゴボウをはじめ、ワラビ、ヒヨドリジョウゴ、メヒシバ、タチ

シイの高木が林立する本殿周辺

ツボスミレ、イヌタデ、ヌカキビ、オオイヌノフグリ、ヨモギ、ヤイトバナ、セイタカアワダチソウ、ダンドボロギクなど好陽地性の植物が多く生育している。これは日光が入りやすく明るいことや、林内にかなり人手が入っていることの反映であると思われる。林縁にはヤブツバキ、アラカシ、カナメモチが多く、タラノキ、カラスザンショウ、サカキなども見られる。

伐採された境内敷地はシダ類の豊富な場所で、カナメモチなどの常緑樹の中でイノデ、オクマワラビ、ベニシダなどが一面に生えている。シダ類は湿った所に多いことから、ここは大気への水分供給の大きな基地であったのではないだろうか。この森が幾何学的な花壇のような森ではなく、シイなど在来の樹木が茂り、野生植物が生える自然の森として蘇ってほしいと願わずにはおれない。

（富長）

交通：ＪＲ琵琶湖線近江八幡駅よりＪＲ西日本バス三雲行乗車「山之上」下車すぐ。**照会先**：竜王町役場（0748-58-1001）

33

出雲系ゆかりの鎮守の森

馬見岡綿向神社《まみおかわたむきじんじゃ》

——蒲生郡日野町村井

国道四七七号を日野町小御門の近江鉄道踏切を通り山本にさしかかると、ずっと東に綿向神社の森が見え隠れする。この森は南北に長く、周囲のほとんどが田んぼだから遠くからでもよく目立つ。宮司は南北朝時代より出雲宿禰と称し、この付近一帯は出雲系の人々の定住地といわれている。

森はスギの巨木でおおわれているが、今日まで何度かの台風で倒れた。そのつど、植樹はされているが、現在、特に森の中央部が欠け、本殿の背景がさみしい。しかし、一旦この社叢林に入ると、鬱蒼《うっそう》とした茂みの中の静けさが身にしみてくる。スギのほかにもヒノキやシイを中心に、アラカシ、サカキ、ネズミモチ、アオキ、ケヤキ、ムクノキ、サクラ類など多様な樹種が森林を形成している。

正面太鼓橋の右側に「千両松」と記した案内板があり、高さ十㍍ほどのゴヨウマツが植えられている。解説によれば「江戸時代の後期、伊豆の三島に醸造業の店を出し商売に励んだ辻惣兵衛は、巨万の富を築いた日野商人の一人である。惣兵衛は儲《もう》けたお金を故郷に持ち帰るため、たびたび三島と日野の間を往復したが、その頃の街道で大金を持ち歩きすることは盗賊がいるため並大抵のことではなかった。

物兵衛は思案の末、松の盆栽の鉢の底へ小判を入れ、故郷日野へ無事持ち帰り、神の加護のおかげと神社の境内に盆栽の松を植えた。この松を人々は千両松と呼んでいる」とある。

この森ではほかに特筆すべき樹木としてイチョウ、コウヨウザン、キリ、タラノキ、モクレン、カツラ、クスノキ、センダン、カリンなどがあり、林床に一面に広がったヤブミョウガの群落やミヤコアオイ、オカメザサなどが印象深い。また、林縁にはサネカズラ、アオツヅラフジ、フジ、ナツヅタ、テイカカズラ、ヤイトバナ（ヘクソカズラ）などのつる植物が、マント群落として直射日光を受け止め、森の乾きを防いでいる。（富長）

本殿前のサカキの刈り込みが美しい

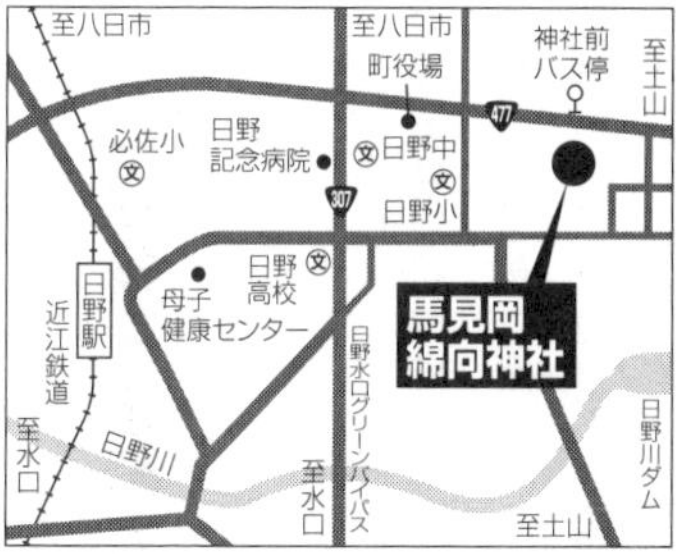

交通：近江鉄道日野駅より近江バス「綿向神社前」下車。**照会先**：馬見岡綿向神社(0748-52-0131)

34

厄除の神として崇敬を集める鎮守の森

田村神社《たむらじんじゃ》

甲賀郡土山町北土山

土山町を走る国道一号（旧東海道）を東に進み、町並みをはずれた田村川のほとりに広大な神域をもつ鎮守の森がある。田村神社はこの森深くに鎮座し、国道沿いに一の鳥居が立っている。

古来より交通の大動脈として知られる東海道であるが、初めから立派な往来であったわけではない。記紀の時代には、野洲川の南岸から杣川《そまがわ》沿いに東上し、油日から柘殖《つげ》、加太を経て伊勢の国へ出るのが主要路線であった。これは壬申の乱の主戦場が油日の地であったことからもわかる。

現在の鈴鹿峠越えの街道が本格的に改修されたのは平安時代になってからで、七九五年（延暦十四）に着工、八八六年（仁和二）に完成とされ、実に九十年にわたる大工事であったという。この難工事の安全祈願と合わせ、当時東征の功績が大きかった坂上田村麻呂の忠誠を追悼するために、八一二年（弘仁三）、嵯峨天皇の勅願によりこの地に田村神社が建てられた。現在の祭神は坂上田村麻呂、嵯峨天皇と倭姫命《やまとひめのみこと》である。坂上田村麻呂が鈴鹿山道に現れる悪鬼を弓矢で平定したという伝説にちなんだ「厄除大祭」は二月十七〜十九日に行われ、全国から多くの参詣者でにぎわう。本殿前には破魔矢《はまや》の矢竹の叢《くさむら》がある。

この森の主林木はスギとヒノ

キで、耐陰性のシイ、ヤブツバキ、ヒサカキ、アオキ、ササなどが生い茂って複層林を形成している。甲賀地方はかなり古くから、人工的な経済林としてスギやヒノキの植林が普及していたようで、安藤広重の「東海道五十三次土山」の絵にも、ほかの地ではあまり見られない植林地が描かれているほどである。スギやヒノキを主体とする鎮守の森は、

破魔矢の矢竹の叢がある本殿前

厄除祭には参道両側に屋台が並ぶ（二の鳥居付近）

安藤広重の五十三次「土山」の図に描かれたスギ・ヒノキ林

甲賀郡ではほかに油日神社、矢川神社、水口神社、花枝神社、瀧樹神社など枚挙にいとまがない。

なお、田村川沿いは伊勢の五十鈴川を模して河岸の整備がなされ、岩岸のあたりには常緑広葉樹林も見られる。

（田村）

交通：ＪＲ草津線三雲駅よりＪＲ西日本バス「田村神社前」下車すぐ。照会先：田村神社（0748-66-0018）

35

油日神社《あぶらひじんじゃ》

コウヤマキの大木がそびえ立つ鎮守の森

甲賀郡甲賀町油日

甲賀郡の南、三重県との県境にある忍者のふるさと甲賀町に、油日命をまつる油日神社があり、檜皮葺《ひわだぶ》きの荘重な社殿が、深い森を背に静かなたたずまいを見せている。油日岳（標高六九四㍍）の山頂に奥宮である岳大明神の小さな祠《ほこら》と参籠《さんろう》小屋があるが、その里宮が油日神社である。当社は古くからの山岳信仰の社であると同時に、油の神様として全国の石油、油脂業者の信仰を集めている。

油日岳登山道へ向かう沿道を含め、周辺にはスギやヒノキの植林が多い中で、この神社の森はひときわこんもりと深い。それらの大木の中でもとりわけ注目すべきは、本殿の傍らにある推定樹齢七〇〇年といわれるコウヤマキ（高さ三十五㍍、胸高周囲六・五㍍）である。コウヤマキとしては県下最大を誇り、町の天然記念物に指定されている。

文化財も多く、室町時代に再建された本殿をはじめ、楼門、廻廊、拝殿が国の重要文化財に指定されている。五月一日には里宮の油日神社の例祭が行われ、「太鼓踊」（国選択無形民俗文化財）が奉納される。大鳥居から楼門までの白砂の上で、胸に太鼓をつけ、頭に花飾りをつけた踊り手（小学生の男子）と赤鬼青鬼が入り乱れてにぎやかに舞う。また五年に一度の本祭りには「奴《やっこ》振り」（県選択無形民俗文化財）が奉納される。ちょうどこの時期は、境内に植えられた濃淡さまざまなサトザクラが咲く頃で、いつも静寂な境内がこの時ばかりは最高に華やぐ。

本殿横にそびえ立つコウヤマキの大木
コウヤマキの球果

毎年九月に行われる「御生《みあ》れ祭り」は山霊をお迎えする神事で、山岳信仰の名残を今にとどめている。秋には周辺の田の畔にヒガンバナが、境内にはサザンカが咲き、山里の風情があふれている。（木川）

交通：ＪＲ草津線油日駅下車、徒歩約20分。
照会先：油日神社（0748-88-2106）

36

日吉神社《ひえじんじゃ》

ケヤキの老樹たたずむ鎮守の森

甲賀郡水口町三大寺

日吉神社の創建は古く、飛鳥時代後期、白鳳年間（六八〇年頃）といわれ、古くは三大神社と呼ばれた。平安時代初期、比叡山延暦寺創建のとき、資材をこの地方から採り、延暦寺の庄地となり、日吉三王神をまつったことに始まる。一八六八年（慶応四）に大山咋神《おおやまくいのかみ》をまつるようになり、現在の日吉神社と改称したといわれている。

神社入口の鳥居の横には、樹齢六〇〇年以上、胸高周囲五メートルにもおよぶケヤキの神木がある。数年前までは、現在の樹高の二倍ほど（約十五メートル）あったが、老齢のため、幹の内部は空洞になり、上部の枝はなくなった。現在、このケヤキには葉が茂っており、すぐに枯死するとは思われないが、瀕死の状態のように見える。

境内には胸高周囲二メートル前後のスギが八本ほどあるのをはじめ、イヌマキやモミなども生育している。本殿と拝殿の間には、幅二メートルぐらいの小さな川が流れ、その周りにはウバユリ、ミヨウガなどが見られた。枯れたアカマツや、スギと思われる材木が伐採され放置されている。

神社のすぐ裏にはスギを中心とした林があり、ヒノキ、ヤブツバキ、アオキ、シロダモ、サカキ、ネズミモチなどの木々と、林床にはヤマノイモ、テイカカ

鬱蒼とした社叢林におおわれた本殿

ズラ、フユイチゴ、ベニシダ、イワガネゼンマイ、ミズヒキ、ヤブランなどが生えている。スギ、ヒノキの植栽樹とともに、全体として照葉樹林の植物が生育している。この裏山はときどき伐採されており、境内のスギほどの大木は見当たらない。写真撮影のため訪れたときにも、幹周り一五〇センチぐらいのスギが数本伐採されていた。スギ林の周囲には太いマダケの林が左右にある。

スギ林は西に広がり、修験道の山として有名な飯道山《はんどうさん》とつながっている。

（西久保）

交通：ＪＲ草津線貴生川駅下車、徒歩約20分、飯道山登山道の入口付近にある。**照会先**：水口町観光協会（0748-63-4068）

37

御上神社《みかみじんじゃ》

奇祭「ずいき祭り」で知られる鎮守の森

野洲郡野洲町三上

三上山の西麓、国道八号を隔てて鎮座する御上神社は『延喜式』明神大社で、天之御影命《あめのみかげのみこと》を祭神としている。「御上」の名称は御神、または神体山である三上山からきたと考えられている。当社の創建は、国土開発の祖といわれる天之御影命が三上山に降臨したのを御上祝《みかみのはふり》が神体山としてまつったのに始まり、その後七一八年（養老二）に藤原不比等《ふひと》が勅命を受けて現在の地に社殿を造営、忌火神《いみびのかみ》、二火《にか》一水《いっすい》の神と信仰され、国内の鍛治の祖神として崇められたと伝わる。秋には四〇〇〇年以上も前から続けられているという五穀豊穣を感謝する奇祭「ずいき祭り」が行われ、ずいき御輿が奉納される。

境内には、国宝の本殿を中心に、拝殿、楼門（いずれも国の重要文化財）などの建物が並び、周囲の木々と調和して荘厳な雰囲気を漂わせる。すぐ横を走る国道の喧騒《けんそう》が、うそのような静けさである。

この神社の森は神域として古くから保護されてきたため、自然林に近い植生が今日まで良好に保存されている。高木層はシイが多いほかヒノキ、アラカシ、クスノキなども混じっている。これに次ぐ亜高木や低木層にはヒメユズリハ、サカキ、ネズミモチ、アオキ、イヌビワなどの

三上山を神体山とする御上神社

秋の奇祭「ずいき祭」

いろいろな樹種が生育し、林床にはベニシダ、フユイチゴ、ヤブミョウガ、アリドウシなどが多く見られる。シイの大きいものは高さ二十メートルに達し、胸高周囲は三メートルを越え、樹齢は四〇〇年以上と推定される。

ところで、この御上神社の社叢や三上山の山麓には、普通暖かい海岸地帯に分布するヒメユズリハが群生している。分布上たいへん珍しく、学術的にも興味深い。本来自生していたのか、植栽なのかについて議論の余地が残るが、地質時代に琵琶湖が海と連結していたころの残存植物との説もある。（蓮沼）

交通：JR琵琶湖線野洲駅より滋賀交通バス「御上神社」下車徒歩5分。**照会先**：御上神社（077-587-0383）

38

兵主神社《ひょうずじんじゃ》

クスノキの中に庭園のある鎮守の森

野洲郡中主町五条

美しい松並木が続く長い馬場を進むと、クスノキの茂る兵主神社社叢林がある。一帯は一九八三年（昭和五十八）、県の緑地環境保全地域に指定されている。朱塗りの楼門翼廊（県指定文化財）から拝殿にいたる参道沿いには樹齢数百年と推定されるクスノキの大木が両側から生い茂り、空高くそびえている。また、拝殿翼廊の右側には巨大なスギの切株を背に、旧護摩堂が昔の面影をしのばせている。

この神社は景行天皇の時代に、皇子稲背入彦命《いなせいりひこのみこと》により大和国穴師《あなし》（現奈良県桜井市）にまつられたのが始まりで、その後、近江国高穴穂宮《たかあのほのみや》（現大津市坂本穴太《あのう》）遷都に伴って穴太に移り、欽明天皇の時代（六世紀）に琵琶湖を渡り現在の地に遷座されたと伝えられる。

『延喜式』では明神大社とされ、神階昇叙も著しく、花山天皇より「正一位勲八等兵主大神宮」の勅額を賜っている。中世には源頼朝や足利尊氏など多くの武将から崇敬を集め、寄進された武具や甲冑《かっちゅう》を今に伝えている。また、頼朝ゆかりの池泉廻遊式庭園は国の名勝に指定されている。さらに、徳川家からも社領の寄進を受けるなどその神威はかなり広い範囲までおよんでいたようだ。庭園にはコケが多く、近江の苔寺ともいわれる。

兵主神社の紋章は「亀の甲羅に鹿の角」であるが、それは一六〇四年（慶長九）の『兵主大明神縁起』にある「兵主大明神が亀の背に乗って琵琶湖を渡り、鹿の背に乗って豊積の平野を五条まで来られた」という伝説にちなんだものとされる。

参道に続く松並木

　なお、当社は古くから「兵主郷」十八カ村の総氏神として、周辺地域住民の心のよりどころと仰がれてきた。御輿や太鼓が三十基も渡御する春の大祭（五月三～六日）は兵主郷の団結の証でもある。境内には史跡や名勝、文化財が多いほか、春の大祭以外にも神粥《かみがゆ》神事（粥占い）、乾湿伺神事（穀物の収穫占い）、虫祓納涼萬燈祭（虫干祭）、八ツ崎神事（オコリカキ、神紋由来の神様降臨の神事）、新嘗祭、火まつり（護摩木供養）、大祓式など年間を通して数多くの神事や祭礼があり、近年では全国各地から参拝者が訪れている。（片山）

国指定名勝・池泉廻遊式庭園

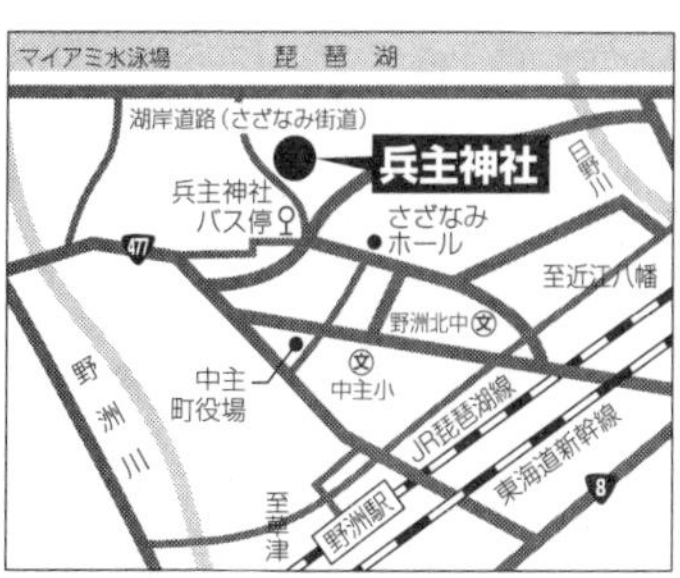

交通：ＪＲ琵琶湖線野洲駅北口から近江バス「兵主神社」下車すぐ。**照会先**：兵主神社（077-589-2072）

39

小津神社《おづじんじゃ》

守山湖辺の田園地域にある鎮守の森

守山市杉江町

琵琶湖大橋取付道路から浜街道を南へ約二キロのところ、農耕地が広がる中に、集落に囲まれた大きな鎮守の森がある。これが『延喜式』に名のある古社・小津神社である。この森の高木には樹高十メートルを越えるシイ、クスノキ、クロガネモチなどの常緑広葉樹が多いほか、スギ、ヒノキ、サクラ類なども見られる。また、低木にもアラカシ、ヤブツバキ、サカキ、ヒサカキ、アオキ、ヤツデなどの常緑広葉樹が多く、早春には多数のヤブツバキの花が咲く。

守山市最大の樹木は、この小津神社の北東部に高くそびえている。樹齢三〇〇年以上と推定されるスダジイで、胸高周囲は四五六センチもある。一九九八年（平成十）の台風の時に傷んだ本殿裏のシイ、クスノキの大木は伐採され、現在は本殿右側にクスノキの大木が一本残っている。

社伝によれば、四四一年（允恭天皇三十年）に皇姫玉津姫の願により大宅臣木事連《おおやけのおみきじのむらじ》に命じて、大宮（主神）に宇迦乃御魂命《うがのみたまのみこと》、二宮に素戔嗚命《すさのおのみこと》、三宮に大市姫命をまつったと伝えている。本殿は三間社流造で、御神体の木造宇迦乃御魂命坐像とともに国の重要文化財に指定されている。

一四〇〇年ほど前の欽明天皇二十八年に洪水が起き、社殿が琵琶湖に流出した。その後、神

小津神社の七五三まいり

霊を湖中から迎えたということにちなみ、復興遷宮祭から始まったのが現在の「長刀《なぎなた》踊り」（長刀振り）で、小津、玉津学区の八地区が輪番で毎年五月五日に奉納されている。この踊りは、太鼓やささら、笛、鼓、鉦にあわせた美しい踊りで、「近江のケンケト祭長刀振り」として、国選択無形民俗文化財になっている。（岡田）

守山市最大の木・小津神社のスダジイ

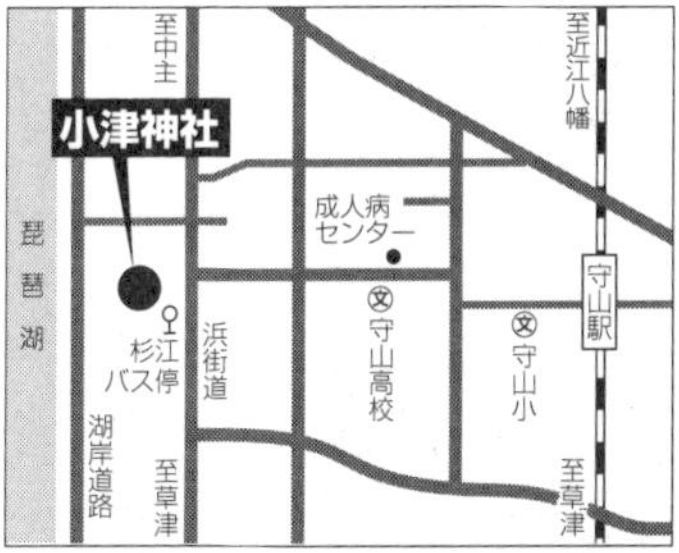

交通：ＪＲ琵琶湖線守山駅西口から近江バス杉江行「杉江」下車すぐ。**照会先**：小津神社（077-585-0855）

40 勝部神社《かつべじんじゃ》

冷気を熱気に変える火祭りで知られる勝部の森

守山市勝部町

JR守山駅の南西約四〇〇メートル、勝部町の中央にある住宅に取り囲まれた社叢が、火祭りで有名な勝部神社である。広い境内にはクロガネモチ、シイ、アラカシなどの常緑広葉樹やムクノキなどの高木が生育しているほか、アオキ、サカキ、アラカシ、イヌビワなどの低木も見られる。本殿東側にそびえるクスノキは樹高が約二十五メートルあるが、葉の一部が焦げて黒褐色になっており、火祭りのすごさがうかがわれる。

道を隔てた薮の中にはタラヨウの大木が多くあり、早春に赤い実の塊をつける。餌の不足するこの時期、野鳥が好んでこの実を食べる。

勝部神社は六四九年（大化五）に、物部宿禰広国《ものべのすくねひろくに》が物部郷の総社として創建したといわれ、明治以前は物部神社と称していた。近江国守護佐々木氏は、出陣に

勝部神社に多いクロガネモチ

際しては必ず境内の竹を用いて旗竿を作ったと伝えられるなど、古くから武家の信仰があつい神社で、三間社流造の本殿は国の重要文化財に指定されている。

今から約八〇〇年前、土御門《つちみかど》天皇の病気が重かった時、それは数千年を経た大蛇がいて天皇に危害を与えているからとして、この大蛇を退治したところ、病気が全快したという。それを記念して行うようになったのが火祭りである。「勝部の火祭り」は、毎年一月八日に「おこない」として行われる。大蛇の胴体に見立てた大松明がモウソウチクや柴、菜種殻で十六基作られ、午後九時に一斉に奉火されると十数メートルの火柱が立つ。若衆たちは燃えさかる大松明の前で無病息災を祈念して乱舞する。この勇壮な火祭りは県選択無形民俗文化財になっている。（岡田）

本殿東側にそびえ立つクスノキ

交通：ＪＲ琵琶湖線守山駅西口下車、南西へ徒歩約5分。**照会先**：勝部神社（077-583-4085）

41

神宝木彫りの狛犬が護る社

大宝神社《だいほうじんじゃ》

栗太郡栗東町綣《へそ》

大宝神社の氏子区域は、現在の行政区では栗東町と守山市にまたがっている。昔はさらに草津市の一部も氏子圏で大きな総社であった。大宝年間（七〇一―七〇四）の創建と伝えられている。享保三年九月（一七一八）の年が記された棟札が残る四脚門両築地付の表門を入ると入母屋造りの拝殿、本殿が並び、左右に境内摂社殿が配置された大きな神社である。この神社には

社宝として木造漆箔、金銀彩色の狛犬（獅子）二対がある。その内の一対は国の重要文化財に指定され、一九一〇年（明治四十三）五月、英国ロンドンで開催された日英博覧会に政府の命で出展されるほど有名なものである。もう一対も県の重要文化財である。

毎年、故事に由来する十月十八日に近い日曜日に、珍しい相《そう》撲祭《もくさい》が行われる。昔、北中小路（栗東町）と二町（守山市）の水争いをいさめるため、大宝神社宮司が両村の子どもたちに相撲を取らせて仲直りさせたとの言い伝えを今に伝えている。紅と白の褌《ふんどし》を締めた子どもが三番相撲を取って一勝一敗になると、三番目は行司が待ったをかけ、その勝負を翌年に先送りして引き分けの間は両村仲良くしなさいと仲裁する神事相撲である。

旧中山道から入る参道脇に

「へそむらの麦まだ青し春のくれ」と刻まれた芭蕉の句碑が建っている。参道には厄除けに寄進された数えきれないほどの灯篭が並んでいる。その奥に広がる鎮守の森は、シイ－カナメモチ群集とよばれる自然性の高い植生を保っている。コジイ、スダジイのほか、アラカシ、シャシャンボ、サカキ、ヤブツバキ、カクレミノなど常緑広葉樹が多数生育している。本殿前にあるクスノキは樹高二十四メートル、胸高周囲四・七メートルもある大木で、『滋賀の名木誌』にも記載されている。

　社の一角は大宝公園と名づけられた公園が整備され、児童の遊具が備えられた広場やお年寄りのゲートボール場もあって、地域の人々に親しまれ、華やかな声がいつも聞こえている。（長）

大宝神社の御神木・クスノキの大木

交通：ＪＲ琵琶湖線栗東駅下車すぐ。照会先：大宝神社（077-552-2093）

42

立木神社《たちきじんじゃ》

「近江名所圖會」に描かれた立木大明神

草津市草津四丁目

立木神社が描かれている『近江名所圖會』は、江戸時代の一八一五年（文化十二）に刊行された旅行案内書とでもいうべき本である。当時の草津の宿は、日本を代表する東海道と中山道の分岐点にあって重要な位置を占めていた。東海道は京都から大津を通り瀬田の唐橋を渡ってくる道であるが、大津から舟で矢橋に渡ると近道となり、矢橋道が矢倉村で東海道と合流して草津の宿に入る。その入口・黒門付近(現草津四丁目(旧宮町))に立木神社が鎮座している。

神社の縁起によれば「神護景雲元年（七六七）六月、常陸国鹿島の鹿島明神を発し十一月十七日当地に着き、志津川畔に携ふる所の柿枝の鞭《むち》を立て置き大和の三笠山に趣き給ふ、然るに其鞭に根を生じ枝葉繁茂したり、里人霊験に感じ社殿を建て立木大明神と称す……（近江栗太郡志巻四）」とある。祭神は武甕槌命《たけみかづちのみこと》で茨城の鹿島神宮、奈良の春日大社と同じ祭神である。

境内には「延宝八庚申年」（一六八〇）の年号と「みぎハたうかいどういせミち　ひだりハ中せんだうをた加みち」と刻文された県内最古の石造道標が建っており、市の重要文化財に指定されている。おそらく東海道と中山道の分岐点に建てられていたのが移されたものと思われる。

その道標を囲むように、根回り六・三メートル、樹高十メートルの二本に枝分かれした推定樹齢三〇〇年のウラジロガシの大木（滋賀県指定自然記念物）や胸高周囲三・三メートル、樹高十五メートルのクロガネモチの大木（市内最大級）、水平に大きく枝を張ったクロマツやメタセコイヤなどがある。また、社の裏に回ればヤブツバキ、ヒサカキ、カクレミノなども見られる。

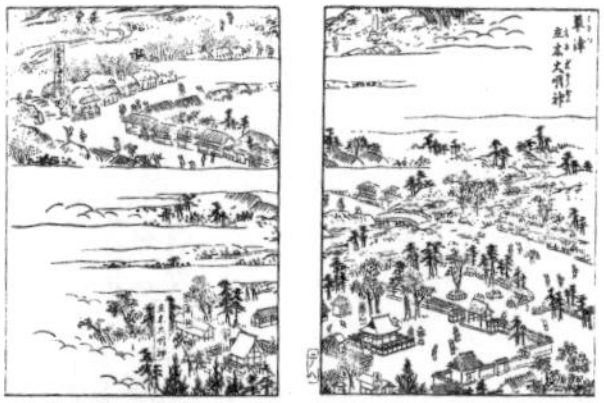

草津立木大明神（臨川書店発行『近江名所圖會』より）

ウラジロガシの大木（滋賀県自然記念物）

立木神社参道

その昔、江戸時代から旅人が憩い、道中の安全を願い、時代の移り変わりを見つめつつ年輪を重ねてきた大木や、近年になって新たに植栽されたメタセコイヤのあるこの鎮守の森は今もって市民に親しまれている。（長）

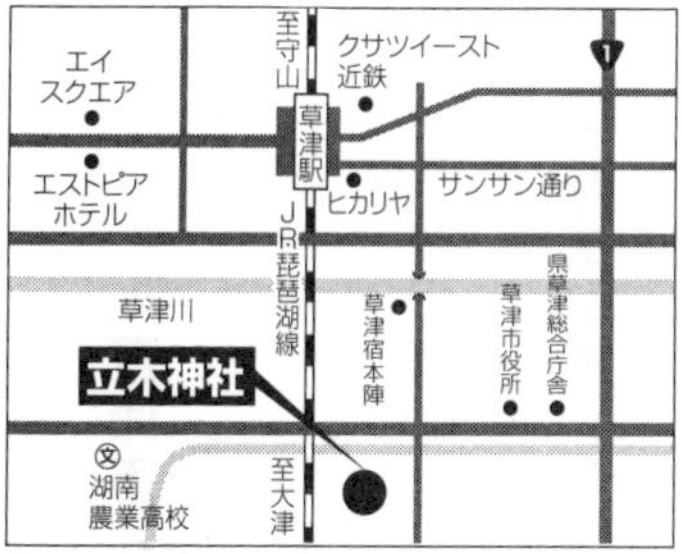

交通：ＪＲ琵琶湖線草津駅東口下車徒歩約15分。**照会先**：草津宿街道交流館（077-567-0030）

43

神の宿る木・オガタマノキの花咲く社

印岐志呂神社《いきしろじんじゃ》

草津市片岡町

平安中期の法典、『延喜式』神名帳に記載されている神社は式内社とよばれ、格式の高い古社であることを示している。近江国に一五五座、その内昔の栗太郡にあたる地域に八座記載されているが、印岐志呂神社もその一社である。境内には印岐志呂古墳群とよばれる円墳と方墳の二基の墳墓があり、副葬品と思われる馬鈴が出土している。また、印岐志呂神社境内より出土したと伝えられ、特異な祭祀具と考えられている銅鐸も残されている。『栗太郡志』にはこれらのことを「付近の地より石斧、石鏃石剣等出土し、又太鼓形に似たる異様な陶器等出づるに(中略)此の一帯の地を開墾せし子民等が祀りし祖神の祭場なるべし、其社名大嘗会の悠紀に通ずるにより印岐志呂は由紀代にて悠紀方の稲を取扱ひし所依て当社を祀りしという……」と記載している。

昔、琵琶湖を囲む近江盆地は、ドングリなどの実をつける暖温帯性の常緑広葉樹林に広くおおわれていたと考えられている。近年、考古学的にも栗津湖底遺跡の発掘などから縄文人の生活がわかってきた。稲作が広まった弥生時代から地方豪族が支配する古墳時代へと移り変わる中で、鬱蒼《うっそう》と茂る木々を伐採し開墾して水田にかえ、その一郭を神の宿る神聖な場所としてまつり伝えたのがこの社と考えられる。

　本殿（草津市指定文化財）は、意匠としては珍しい菱格子戸がはめられた庇前室付三間社流造りで、棟札より桃山時代の一五九九年（慶長四）に建立されたことがわかる。社の森はこの本殿を中心にシイ、サカキ、ヤブツバキなどの常緑広葉樹でおおわれている。鎮守の森にふさわしいシイの木が多く見られるが、ここのシイはスダジイと判別できる大きな実を秋につける。また、本殿左端の石造灯籠わきのオガタマノキは胸高周囲一三二センチ、樹高十五メートルもあり、「神を招き、神が宿る木」として大切にされている。

（長）

本殿左端にそびえるオガタマノキ

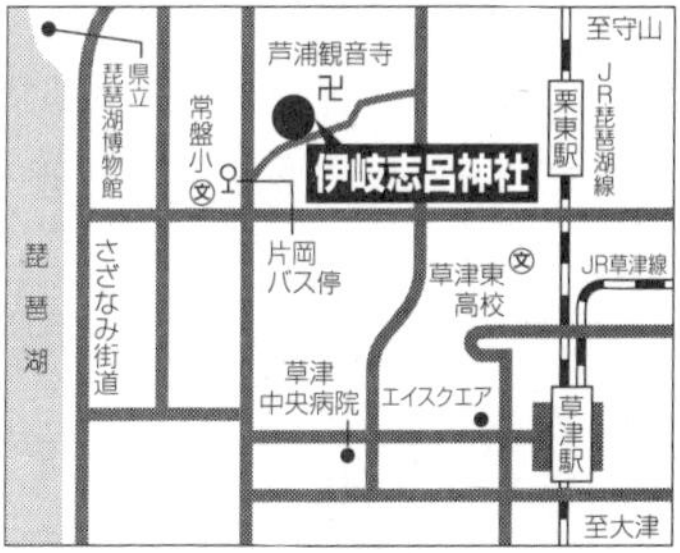

交通：ＪＲ琵琶湖線草津駅西口より烏丸半島（下物）方面行「片岡」下車すぐ。**照会先**：印岐志呂神社（077-568-2895）

あとがき

神社に社殿がなかった昔、神々が大樹に降臨するという自然神信仰思想は、一本の大樹のみならず、鎮守の森全体に畏敬の念を注ぎ、手厚く守り育てる思想をも育んだ。その結果、鎮守の森は原始的な自然林の生きたサンプルとして学術的教育的に大きな意義をもっていることはいうまでもないが、地域の環境保全林やコミュニティーの核（ふるさとの森）としても重要な役割を担ってきた。

しかし、人間社会中心の利便性追求や効率第一主義が幅を利かす今日、そうした意識の低下とともに道路拡張などにともなっていとも簡単に樹木が伐採され、森林が伐開されている。近江神宮に例を引くまでもなく、森を造り、守り、育てるにはたいへんな労力、費用、苦労、時間を要するが、これを破壊するのはほんの一瞬である。

私たちは、近江神宮の森をはじめ、各地の鎮守の森が「永遠の杜」「環境創造のシンボル」として今後も更新し続けることを願ってやまない。

最後に、近江神宮をはじめ各神社関係者の皆さん、取材や種の同定等で協力いただいた皆さん、編集会議で度々お世話になった栗東自然観察の森の皆さん、さらに、本書出版の機会を与えていただき、終始お力添えを賜ったサンライズ出版の岩根順子さんをはじめ、岸田幸治さんら担当の皆さんに心から深謝いたします。

◆主要参考図書◆

■第一・二章

浅野貞夫・桑原義晴編「日本山野草・樹木生態図鑑」（全国農村教育協会　一九九〇）
尼川大緑・長田武正　検索入門「樹木」①②（保育社　一九八八）
石川金蔵「近江神宮創建造営夜話」（一九六四）
いわさゆうこ・大滝玲子「ドングリノート」（文化出版局　一九九五）
近江神宮社務所　近江神宮鎮座十年祭記念「近江神宮」（一九五〇）
近江神宮の森自然調査グループ「近江神宮の森自然調査研究報告～造られた昭和の森、その六十年後の姿～」（滋賀植物同好会　一九九九）
大津市史編さん室　ふるさと大津歴史文庫２「大津の城」（大津市　一九八五）
川島清一「きのこ徒然草」日本菌学会会報17：153（一九七七）
環境庁　第四回自然環境保全基礎調査「巨樹・巨木林調査報告書」近畿版（一九九一）
「官幣大社近江神宮造営写真帖」（一九四四）
北村四郎ほか「原色日本植物図鑑」草本編Ⅰ～Ⅲ、木本編Ⅰ、Ⅱ（保育社　一九五八～一九七九）
小山靖二編「わが町・みちしるべ」（大津市錦織町自治会環境整備委員会文化部　一九九三）
滋賀植物同好会「びわ湖グリーンハイク」（京都新聞社　一九九四）
滋賀県緑化推進会「滋賀の名木誌」（滋賀県　一九八七）
四手井綱英「森の生態学～森林はいかにして生きているか～」（講談社　一九七六）
新人物往来社　神社シリーズ「近江神宮　天智天皇と大津京」（一九九一）
中井均「近江の城―城が語る湖国の戦国史―」（サンライズ出版　一九九八）
仲谷文貴・横山和正「近江神宮におけるオサムシタケの生態1.林内におけるオサムシタケの分布」冬虫夏草12:7-13（一九九二）
仲谷文貴・横山和正「オサムシタケの人工培地上での子実体形成」冬虫夏草13:2-3（一九九三）
西川友孝編　近江神宮奉賛会会報「近江神宮」第一～四号（近江神宮奉賛会　一九三九～一九四一）
日本林業技術協会「日本林業樹木図鑑」（地球出版　一九九一）
畑守有紀・横山和正「クモタケの生態～寄主と寄生者の関係～」冬虫夏草11:2-7（一九九一）
畑守有紀・横山和正「クモタケの発生過程の観察～クモの死亡からクモタケ成熟まで～」冬虫夏草12:2-6（一九九二）

林博通「さざなみの都　大津京」（サンブライト出版　一九七八）
林弥栄編　山渓カラー名鑑「日本の樹木」（山と渓谷社　一九八五）
本郷高徳「明治神宮御境内林苑計画」（一九二一）
前川文夫「日本人と植物」（岩波書店　一九七七）
松井光瑶ほか「大都会に造られた森～明治神宮の森に学ぶ～」（第一プランニングセンター　一九九二）
明治神宮境内総合調査委員会「明治神宮境内総合調査報告書」（明治神宮社務所　一九八〇）
山道秀子・横山和正「クモタケに関する2、3の観察」冬虫夏草7:22-25（一九八七）
横山和正・一川由香「大津市近江神宮のクモタケの生態」冬虫夏草4:3-6（一九八四）
横山和正・橋屋誠「クモタケの分布調査」冬虫夏草14:6-10（一九九四）
横山和正「冬虫夏草の野外での接種試験は慎重に」冬虫夏草16:6-7（一九九六）
渡辺典博　ヤマケイ情報箱「巨樹・巨木」（山と渓谷社　一九九九）

■第三章

浅井了意「東海道名所記2」（平凡社　一九七九）
芦田博編「土山町史」（土山町　一九六一）
安土町史編纂委員会「安土町史　史料編2」（安土町教育委員会　一九八五）
安曇川町役場総務課「あど川の文化と先人たち」（安曇川町　一九九七）
愛知郡教育会「近江愛智郡志」（一九二九）
大塚虹水「滋賀の百祭」（京都新聞社　一九九〇）
大塚虹水「続・滋賀の百祭」（京都新聞社　一九九八）
大津市歴史博物館　ふるさと大津歴史文庫7「大津の名木」（大津市　一九九一）
大津市歴史博物館　ふるさと大津歴史文庫9「大津の社」（大津市　一九九二）
きのもと倶楽部「きのもと七選～新しい七選を求めて～」（木之本町　一九九七）
木村至宏編「近江の山」（京都書院　一九八八）
京都滋賀自然観察会　総合ガイド7「琵琶湖／竹生島」（京都新聞社　一九九四）
黒田惟信編「東浅井郡志」巻一、二（名著出版　一九七一）
甲良町史編纂委員会「甲良町史」（甲良町　一九八四）
寒川辰清編（新註）「近江輿地志略」全（弘文堂書店　一九七六）
滋賀銀行業務推進部・温友社「滋賀の祭りと伝統行事・一〇〇選」（しがぎん健康友の会・しがぎんみずうみクラブ　一九九六）

滋賀県「近江名木誌」（一九一三）
滋賀県教育委員会「滋賀県文化財目録」（一九九七）
滋賀県高等学校歴史散歩研究会「滋賀県の歴史散歩」上・下（山川出版社　一九九〇）
滋賀県神社誌編纂委員会「滋賀県神社誌」（滋賀県神社庁　一九八七）
滋賀県緑化推進会「滋賀の名木誌」（滋賀県　一九八七）
滋賀自然環境研究会「ふるさとの自然」（滋賀県　一九九四）
滋賀自然環境研究会植生調査部「滋賀県ヤブツバキクラス域の植生」滋賀県自然保護基礎調査中間報告書1-21（滋賀県自然保護財団　一九七六）
滋賀植物同好会「びわ湖グリーンハイク」（京都新聞社　一九九四）
滋賀植物同好会「びわ湖フラワーハイク」花木編、草花編（京都新聞社　一九九六、一九九七）
滋賀総合研究所　湖国百選「社寺」（滋賀県　一九九三）
志賀町史編集委員会「志賀町史」巻一、二（志賀町　一九九六、一九九九）
白鬚神社社務所「白鬚神社由緒」
新旭町誌編さん委員会「新旭町誌」（新旭町　一九八五）
秦石田・秋里籬島　版本地誌大系13「近江名所圖會」（臨川書店　一九九七）
高島郡教育会「高島郡誌」全（弘文堂書店　一九七二）
多賀大社社務所「いのちのふるさと　お多賀さん」
谷口克広「信長の親衛隊」（中央公論社　一九九八）
鎮守の森保存修景研究会「鎮守の森の保存修景のための基礎調査」（滋賀県企画部　一九八二）
豊郷町教育委員会「豊郷の昔ばなし」（一九八〇）
日牟礼八幡宮社務所「日牟礼八幡宮略誌」
兵庫県商工部観光課「近畿のまつり」（近畿府県観光委員会　一九九一）
平凡社地方資料センター　日本歴史地名大系25「滋賀県の地名」（平凡社　一九九一）
水口町志編纂委員会「水口町志」（一九六〇）
宮川満監修「滋賀県市町村沿革史」巻四（第一法規　一九六〇）
宗像成子「調査報告・栗原神社の祭礼—滋賀県滋賀郡志賀町栗原—」神語り研究4（春秋社　一九九四）
村上宣雄・村長昭義　関西自然保護機構会報6「滋賀県における社寺林の実態と保全のための新たな試み（関西自然保護機構　一九八三）
守山市立教育研究所「ふるさと守山めぐり」（一九八七）
守山市誌編さん委員会「守山市誌　自然編」（守山市　一九九六）
八日市市花と緑の推進室「八日市の樹」（パンフレット　一九九八）

編　者　滋賀植物同好会
「淡海文庫17」編集委員会（代表　蓮沼　修）

◆編集・執筆者

大谷　一弘　菊井　正巳　菊池　彬
小山　靖二　阪口　進　田中美保子
田村　博志　中村　和正　西久保公成
蓮沼　修　森　小夜子　横山　和正
渡部　壽子　和田　義彦

◆執筆者

青山　喜博　井田　三良　位田　修三
岡田　明彦　奥野　好子　長　朔男
片山　啓介　木川　秋子　小坂　育子
武田　栄夫　富長　妙議　堀野　善博
南　尊演　村井　信三　山出江美子

◆写真提供者（執筆者を除く、敬称略）

小林　和子　丹治　義和　渡部　博子
近江神宮　滋賀県立琵琶湖博物館
志賀町役場

◆調査等協力者（敬称略）

稲岡　宏　小森　幸雄　寺尾　恭平
徳岡　治男　中川　實恵　八尋　克郎
林　満麿　林　良巳　藤本　秀弘
松宮　哲翁　溝　留吉　山岸　利良
山田　耕作　和田登志子　近江神宮
栗原年中祭礼行事関係者の皆さん
滋賀県庁県民情報室

■執筆・編集

滋賀植物同好会

1984年11月3日、湖南アルプス笹間ケ岳での第1回例会で産声をあげ、翌85年1月6日に総会を開いて正式に発足した。以来、今日まで県内外で160回を越えるフィールドワーク（植物観察会）を実施するとともに、会誌『滋賀の植物』を発行してきた。会発足10周年を記念して出版した『びわ湖グリーンハイク』（1994、京都新聞社刊）を契機に、滋賀の自然と植物文化に焦点をあてた出版活動にも力を注ぎ、『びわ湖フラワーハイク（花木・草花編）』『近江植物歳時記』（1996～1998、同）を出版してきた。今後も「植物」をキーワードにして、さまざまな活動を展開していく予定である。会員数　160余名。

代　表：蓮沼　修

1922年茨城県生まれ。1948年より滋賀県野洲町在住。植物をこよなく愛し、滋賀植物同好会発足以来、会の代表を務める。また、栗東自然観察の森に1988年4月の開園以来勤務し、自然観察指導や植物調査などで多忙な毎日を送っている。

◎連絡先
〒520-2342　野洲郡野洲町野洲175-8　TEL.077-587-0461

近江《おうみ》の鎮守《ちんじゅ》の森《もり》―歴史《れきし》と自然《しぜん》―　淡海《おうみ》文庫17

2000年2月10日　初版1刷発行

企　画／淡海文化を育てる会
編　者／滋賀植物同好会
発行者／岩　根　順　子
発行所／サンライズ出版
滋賀県彦根市鳥居本町655-1
☎0749-22-0627　〒522-0004
印　刷／サンライズ印刷株式会社

ISBN4-88325-125-X C0040

別冊淡海《おうみ》文庫

柳田国男と近江
―滋賀県民俗調査研究のあゆみ―
橋本　鉄男著
B6・並製　定価1,530円(本体1,457円)

淡海万華鏡
滋賀文学会著
湖国の風景、歴史などを湖国人の人情で綴るエッセイ集。滋賀文学祭随筆部門での秀作50点を掲載。
B6・並製　定価1,632円(本体1,554円)

近江の中山道物語
馬場　秋星著
東海道と並ぶ江戸の五街道の一つ中山道。関ヶ原から草津まで、栄枯盛衰の歴史を映す街道筋を巡る。
B6・並製　定価1,632円(本体1,554円)

戦国の近江と水戸
久保田　暁一著
浅井長政の異母兄安休と、安休の娘に焦点をあて、近江と水戸につながる歴史を掘り起こした一冊。
B6・並製　定価1,529円(本体1,456円)

国友鉄砲の歴史
湯次　行孝著
鉄砲生産地として栄えた国友。近年進められている、郷土の歴史と文化を保存したまちづくりの模様も含め、国友の鉄砲の歴史を集大成。
B6・並製　定価1,529円(本体1,456円)

近江の竜骨
―湖国に象を追って―
松岡　長一郎著
近江で発見された最古の象の化石の真相に迫り、滋賀県内各地で確認される象の足跡から湖国の象の実態を多くの資料から解明。
B6・並製　定価1,890円(本体1,800円)

『赤い鳥』6つの物語
―滋賀児童文化探訪の旅―
山本　稔ほか著
大正から昭和にかけて読まれた児童文芸雑誌『赤い鳥』。滋賀県の児童・生徒の掲載作品を掘り起こし、紹介するとともに、エピソードを6つの物語として収録。
B6・並製　定価1,890円(本体1,800円)

外村繁の世界
久保田　暁一著
五個荘の豪商の家に生まれ、自らと家族をモデルに商家の暮らしの明と暗を描いた作家・外村繁。両親への手紙などをもとに、その実像に迫る初の評論集。
B6・並製　定価1,680円(本体1,600円)

淡海文庫について

「近江」とは大和の都に近い大きな淡水の海という意味の「近（ちかつ）淡海」から転化したもので、その名称は「古事記」にみられます。今、私たちの住むこの土地の文化を語るとき、「近江」でなく、「淡海」の文化を考えようとする機運があります。

これは、まさに滋賀の熱きメッセージを自分の言葉で語りかけようとするものであると思います。

豊かな自然の中での生活、先人たちが築いてきた質の高い伝統や文化を、今の時代に生きるわたしたちの言葉で語り、新しい価値を生み出し、次の世代へ引き継いでいくことを目指し、感動を形に、そして、さらに新たな感動を創りだしていくことを目的として「淡海文庫」の刊行を企画しました。

自然の恵みに感謝し、築き上げられてきた歴史や伝統文化をみつめつつ、今日の湖国を考え、新しい明日の文化を創るための展開が生まれることを願って一冊一冊を丹念に編んでいきたいと思います。

一九九四年四月一日